우리 집 식물 수업

우리 집 식물 수업

정재경 지음

교보문고

들어가며

아이가 대여섯 살 즈음이었을까요. 저녁 식사 후 침대에 함께 누워 동화책을 읽고 있었습니다. 갑자기 아이가 "엄마, 나는 초원이 좋아"라 말하는 거예요. '초원'이 뭔지 알고 하는 이야기일까 궁금했습니다. "응, 그렇구나. 그런데 초원이라면 어떤 걸 말하는 걸까?" "응, 풀이 많고 나무가 많은 거. 동물이 뛰어다니고. 나는 그런 데가 좋아." 이렇게 말하더군요. 풀과 나무, 초원. 아이는 어디서 그런 걸 느꼈을까요?

어린 시절의 저는 서울 끝자락에 살았습니다. 유년기를 돌이켜보면 늘 풀과 나무가 있었어요. 학교를 오가는 길엔 강아지풀, 명아주, 아까시나무가 무성하게 자라 인도를 넘어들었고, 풀과 비슷한 작은 키 덕분에 코앞에서 풀 향기를 즐길 수 있었습니다. 버스가 지나며 까만 연기를 뿜으면 얼른 풀숲 가까이 몸을 옮겨 그 공기를 마시곤 했어요. 가끔 그 잎을 따 명의 허준처럼 입에 넣고 씹기도 했습니다. 덕분에 학교를 오가는 길이 꼭 탐험 같았어요.

집 마당에도 작은 화단이 있었습니다. 엄마는 팬지, 채송화, 샐비어, 봉숭아꽃, 과꽃을 심으셨어요. 꽃이 순서대로 피며 계절을 알려주었습니다. 개미가 바쁘게 오가는 샐비어꽃을 따 꿀을 빨아 먹던 기억, 봉숭아꽃을 백반과 짓이겨 손톱을 물들이던 일, 과꽃의 꽃잎을 따 물에 띄우며 하던 소꿉장난…. 시간이 지날수록 자연과 함께했던 어린 시절의 기억이 또렷해집니다.

살다 보니 어느 순간 식물과 멀어져 있는 걸 알게 되었어요. 그러다가 미세먼지 덕분에 집 안 가득 약 200여 개의 공기 정화 식물을 키우게 되었습니다. 처음엔 집 안에 '흙'에 담긴 식물을 들이는 게 영 마뜩하지 않았어요. 흙 속에 사는 생명체들이 우주의 미확인 비행물체처럼 두려웠기 때문입니다. 개미나 바퀴벌레, 공벌레, 그리마가 화분 밖으로 나와 옷장을 침범하는 상상을 하면 몸이 근질근질했습니다. 그런데 에너지 사용을 줄이면서 미세먼지를 제거하려면 식물의 힘에 의지하는 수밖에 없다는 걸 알게 되었어요. 그렇게 식물과 함께 살게 되었습니다. 걱정했던 것처럼 해충 때문에 힘들었던 기억은 없습니다. 오히려 식물이 24시간 내내 베풀어주는 초록, 산소, 음이온 덕에 몸과 마음에 에너지가 차오르는 걸 느꼈어요.

덕분에 다양한 형태의 행복이 있다는 걸 알게 되었습니다. 우리 인생엔 100점을 맞아서 느끼는 만족감, 1등 했을 때 느끼는 성취감도 있고, 식물을 가까이하며, 작고 여린 생명을 돌보는 동안 느끼는 충만함도 있습니다. 어쩌면 그동안 식물과 멀리 떨어져 살아 덜 행복

했는지도 모르겠습니다.

식물뿐 아니라, 흙 속 미생물의 존재도 알게 되었습니다. 미생물이 인간의 행복에 영향을 끼친다는 연구 결과가 속속들이 밝혀지고 있어요. 대표적인 미생물로 방선균을 들 수 있습니다. 좋은 흙에서 풍기는 향기로운 냄새를 만드는 게 바로 방선균인데요, 이 균은 천연 항생물질을 방출하는 것으로 알려져 있습니다.

식물은 각자 자기 모습으로 살면서 균형을 이룹니다. 소나무는 소나무대로, 벚나무는 벚나무대로 각자 자기 몫의 삶을 삽니다. 소나무가 벚꽃을 피우지 않고, 벚나무는 솔방울을 맺을 수 없어요. 서로 다르지만, 함께 어울려 숲으로 함께 자랍니다. 우리도 식물처럼 각자 자기 모습이 있어요. 지구상 70억 인구의 지문이 모두 다른 것처럼, 사람은 모두 다른 존재입니다. 각자 고유의 모습으로 살아갈 때 튼튼하게 뿌리를 내리며 자랄 수 있어요.

이 책은 식물과 가까이하는 초록생활을 통해 몸과 마음과 생각이 건강해지는 방법을 나누기 위해 쓴 책입니다. 특히 엄마와 아이들이 식물과 더욱 가까워졌으면 하는 바람으로, 집에서 키우기 쉬운 식물 정보, 식물 돌보는 기술, 키운 식물로 쉽게 해 먹을 수 있는 요리, 식물 놀이, 식물을 만나러 가볼 만한 곳 등의 정보를 함께 담았어요.

이 책을 곁에 두고 책이 소개하는 활동 하나하나를 모아 기록으로 남겨도 좋겠습니다. 한 권이 가득 차면 식물과 함께한 삶의 한 장이 완성될 거예요. 가슴이 텅 빈 것 같은 어떤 날 이 책을 펼치면, 따스한 보리차가 담긴 잔을 두 손으로 잡고 구수한 향기를 느끼며 호로록 마실 때처럼 속이 따뜻해지길 바랍니다.

목차

* 들어가며_ 4

봄　식물과 친해지기 쉬운 봄

식물과 친하면 좋은 점 15
식물 키우기를 어렵게 느끼는 세 가지 경우 21
식물과 친해지기 : 산책하기 28
Play 1. 식물 채집하기 36
식물 취향 알아내는 법 38
Play 2. 좋아하는 식물 스크랩 42
일단 한 개 키워보세요 44
식물 데려오기: 동네 화원, 화훼단지, 농장, 인터넷 48
건강한 반려식물 고르는 법 52
Play 3. 우리 집 첫 식물! 56
용기를 주는 실내 공기 정화 식물 TOP 5 58
식물 키우기 정말 쉬운 방법: 저면관수법, 수경재배 74
차 안에서 식물 키우기 78
실컷 흙을 만지며 튼튼해지는 아이들 81
키우고 수확해 먹는 재미, 텃밭: 주말농장, 옥상 텃밭, 베란다 텃밭 84
Play 4. 텃밭 배치도 그리기 88
Eat 1. 당근 잼 만들기 90
Eat 2. 쑥국 만들기 92
Eat 3. 진달래 화전 만들기 94

여름　식물과 함께 먹고 놀고 사랑하며 보내는 여름

오래오래 같이 살아가는 실내 식물 관리법 99

물 잘 주려면 기억해두어야 할 네 가지 102

식물도 가끔 이발해 주세요. 106

Play 5. 식물 이발하기 전과 이발한 후 사진을 찍어주세요! 110

벌레를 만났을 땐 112

장마철, 식물 힘내라! 116

모기 쫓는 식물 120

Play 6. 꽃 말리기 126

여름철 청량음료 대신 레몬수 128

생명에 관해 생각해볼 수 있는 냉장고 속 식물들 131

Play 7. 냉장고 속 식물 중 싹 튼 식물을 기록해보세요 135

향신료와 친해지면 전 세계 음식을 즐길 수 있어요 142

맛있게 먹고 향기도 즐기는 허브들 136

Play 8. 향기 주머니 레시피 만들기 140

향신료와 친해지면 전 세계 음식을 즐길 수 있어요 142

살아있는 음식을 먹어요 145

Eat 4. 오트밀 쿠키 만들기 148

Eat 5. 토마토 살사 만들기 150

Eat 6. 모히토 만들기 152

Eat 7. 라벤더 얼음 만들기 154

Eat 8. 민트 차 마시기 156

Eat 9. 오이 샌드위치 만들기 158

가을　월동준비, 내년 봄을 준비하는 가을

아무것도 하고 싶지 않을 땐, 햇빛 20분 163
함께 사는 것을 배우는 정원 166
식물이 많은 집이 주는 뜻밖의 효과 170
분갈이 하는 이유, 쉽게 하는 법 173
화분 고르기 179
다람쥐와 나눠 먹어요 183
Play 9. 나뭇잎 탁본 만들기 186
Play 10. 나뭇가지로 액자 만들기 187
지름 45센티미터 테이블로 만나는 나만의 정원 188
식물이 주는 이완의 시간 192
Play 11. 화분 장식용 돌 꾸미기 195
Play 12. 식물 이름표 만들기 196
식물을 가까이 하면 꿀잠 잘 수 있어요 197
가을부터 준비하는 봄 200
Eat 10. 바나나 컵케이크 만들기 204
Eat 11. 세상에서 가장 쉬운 파김치 만들기 206
Eat 12. 생강청 만들기 208

겨울 식물과 함께 사는 겨울

여전히 식물과 함께 삽니다 213

작은 집에서 식물을 많이 키우려면 218

플랜테리어는 가구에서 시작됩니다 222

플랜테리어 아주 쉽게 하는 방법 226

겨울 식물 관리법 230

겨울에 가면 더 좋은 온실, 꽃시장 234

살아 있는 나무로 크리스마스트리를 만들어보세요 238

Play 13. 꽃다발 만들기 242

Play 14. 솔방울 가습기 만들기 244

기념할 일이 있을 때, 집에 식물 심기 246

아름다운 것을 많이 보여주세요 249

Play 15. 채소 도장 만들기 252

Play 16. 압화 카드 만들기 253

Eat 13. 폰즈 소스 만들기 254

Eat 14. 진저브레드맨 쿠키 만들기 256

Eat 15. 애플 크럼블 만들기 258

Eat 16. 진저라떼 만들기 260

있는 힘껏 자랍니다 262

* 마치며_ 266
* 식물 보충 수업_ 269

봄　식물과 친해지기 쉬운 봄

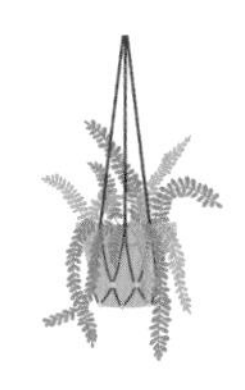

식물과 친하면 좋은 점

안 해본 일에 푹 빠져들게 될 때는 어떤 계기가 있습니다.

불과 몇 년 전만 해도 식물과 거리가 멀었습니다. 2017년 즈음 15평짜리 사무실을 35평으로 확장 이전했을 때 지인들로부터 화분을 받은 적이 있어요. 세어보니 스무 개 가까이 되었습니다.

흰색 도자기 화분에 늘어지듯 자란 잎엔 '벤저민 고무나무'라고 쓰여 있었고, 돌로 만든 회색 화분엔 '금전수', 흰색 도자기 화분엔 '떡갈나무', 금색 페인트가 칠해진 갈색 화분엔 '산세비에리아'라고 쓰여 있었어요. 활짝 핀 양란 화분도 몇 개 있었습니다. 화분 모양도, 식물 이름도 다 달랐어요. 분명히 이름이 한글로 쓰여 있지만 해석할 수 없었어요. 식물에 관해 까막눈이었으니까요.

감사하면서도 한편으론 난감했습니다. 식물을 이렇게까지 많이 키워본 적 없는 데다 식물을 키우기만 하면 다 죽이는 어둠의 손이었기 때문입니다. 머릿속엔 벌써 잎이 다 떨어지고 말라비틀어진 가지가 보이는 것 같았어요. 저 무거운 화분과 나무와 흙을 처리할 생각을 하니 벌써부터 울고 싶었습니다.

그 화분들 앞에 엉거주춤 서서 동료에게 이렇게 말했던 기억이 있습니다. “어차피 다 죽일 텐데 왜 식물을 보내주시는 걸까요? 그냥 봉투로 주시면 꼭 필요한 곳에 잘 쓸 텐데…. 이 많은 화분을 다 어떻게 하면 좋죠?”

저도 처음에는 식물 초보였습니다. 그런데 미세먼지가 변화를 촉발했어요.

미세먼지가 많은 날, 아이는 바깥에서 놀고 오면 새빨간 코피를 쏟았고 저는 일하고 돌아오면 쓰러지듯 잠들었습니다. 그렇게 한숨 자고 일어나야 일상생활을 할 수 있었습니다. 혹시 미세먼지 때문인가 생각하면서도 설마 했어요.

2016년 5월, 그해는 일찍부터 더웠어요. 창문을 열고 자고 싶어 미세먼지 예보를 봤더니 ‘보통’이라고 나와 있었습니다. 마음 놓고 창문을 활짝 열고 잠들었는데, 그날 새벽 숨이 쉬어지지 않아 잠에서 깼어요. 숨을 크게 들이마시는데 가슴이 답답하니 무서웠습니다.

너무 놀라 그날로 공기청정기를 구매했습니다. 창문을 다 닫고 공기청정기를 가동하면 공기는 금세 깨끗해집니다. 그런데 잠이 너무 쏟아져요. 사람은 산소를 마시고 이산화탄소를 내뿜으니 실내 이산화탄소 농도가 빠르게 올라갑니다. 혈중 산소가 적어지니 잠이 옵니다. 그럼 산소발생기를 구매해야지, 생각했습니다. 그런데 뭔가 이상했어요.

미세먼지가 싫다고 하면서 뭔가 계속 에너지를 사용하는 방식으로 문제를 해결하려는 거예요. 다른 방법은 없을까 고민에 빠졌습니다. 산에 가면 나도 모르게 숨을 깊이 들이마시고 크게 내쉬던 생각이 떠오르며 혹시 집에 숲처럼 나무가 많으면 어떨까 생각해보았습니다.

마침 그때쯤 사무실과 집을 하나로 합치게 되었고, 양쪽에 있던 식물이 한 공간으로 모이니 약 50개 정도 되었습니다. 그것만으로도 공기청정기가 덜 돌아간다고 느꼈어요. 식물이 100여 개 정도 되자 가족도 공기청정기가 가끔 돌아간다고 느끼기 시작했습니다.

식물을 더 늘려보았어요. 벽과 벽이 만나는 코너엔 조금 큰 나무들을, 책장 사이사이, 테이블 위, 양변기 뒤에는 작은 초본식물을 배치했습니다. 금세 200여 개가 되었습니다. 그렇게 실내 공기 정화를 목적으로 실내에서 식물을 많이 키우게 되었습니다. 사실 식물을 좋아하는 사람들 사이에서 100개, 200개 정도는 그리 많은 것도 아닙니다.

식물이 많아지면 키우기도 오히려 쉽습니다. 식물들이 서로 알아서 균형을 이루며 생태계를 만들거든요. 생장에 도움이 되는 물질을 서로 주고받으며 알아서 잘 자랍니다. 그와 동시에 24시간 동안 미세먼지 측정기를 켜두고 관찰했습니다.

200여 개의 식물과 24시간 동안 함께 5년 정도 지내며 관찰하니, 외부의 초미세먼지에서 대략 90% 정도 줄어든다는 걸 알 수 있었습니다. 외부 초미세먼지가 100㎍/㎥ 정도 되는 날에 실내는 10㎍/㎥ 정도, 외부가 200㎍/㎥ 정도 되는 날 실내는 20㎍/㎥ 정도의 수치를 보입니다.

저희 집 공기청정기는 20㎍/㎥ 정도부터 돌아가기 시작하니 정말 가끔 작동합니다. 덕분에 필터의 사용 연한을 늘릴 수 있습니다.

식물이 더 많으면 공기청정기가 없어도 되지 않을까 싶지만 식물은 에너지 대사 과정에서 먼지를 제거하기 때문에 제거하는 데 4~5시간 정도 소요됩니다. 그러므로 먼지가 갑자기 많아질 때를 위해 공기청정기도 함께 비치하는 편이 좋아 보입니다. 또 식물이 공급하는 산소와 음이온, 피톤치드는 건강하게 실내 공기의 균형을 잡습니다.

처음엔 가만히 있는 작은 식물이 미세먼지를 제거한다는 사실을 믿기 어려웠습니다. 식물은 이산화탄소를 마시고, 햇빛과 물을 더해 산소와 포도당을 만듭니다. 이걸 '광합성'이라고 합니다. 기공을 통해 이산화탄소를 들이마실 때 미세먼지도 함께 마셔요. 이 대사 과정에서 미세먼지를 제거합니다.

남아 있는 미세먼지는 뿌리로 보내, 뿌리에 살고 있는 미생물이 미세먼지를 제거합니다. 실내에선 뿌리도 숨 쉴 수 있도록 토분을 사용하는 편이 좋습니다. 식물이 만드는 음이온은 양이온인 미세먼지를 잡아당겨 전기적으로 제거합니다.

산소가 많은 공간에서는 몸의 컨디션이 좋아집니다. 집중력도 좋아지고 생산성도 높아집니다. 식물이 방출하는 피톤치드는 천연 항균물질인데요, 최근 피톤치드 복합물이 코로나바이러스를 99.99% 살균시킨다는 뉴스도 있었습니다. 흙 속에 살고 있는 미생물은 유익균으로 면역력을 증가시키고 우울증, 심지어 알츠하이머에도 도움을 줍니다. 이 모든 것을 누리는 데 에너지 소모량은 제로에 가깝습니다.

식물이 많은 집에는 먼지도 덜 내려앉고, 미세먼지 수치나 습도도 늘 비슷한 수준을 유지하게 됩니다. 일반 식물도 공기를 정화하지만 농촌진흥청 연구 결과에 따르면 공기 정화 식물과 공기 정화 식물이 아닌 식물 사이에는 공기 정화 능력이 약 60배 가까이 차이가 있습니다.

식물을 관리하는 방법은 누구나 조금만 배우면 금세 할 수 있습니다. 마치 운전과 비슷해서 익숙해지면 나도 모르는 새 물을 주거나 잎을 따고 있는 걸 발견할 수 있어요. 운전면허는 만 18세 이상 되어야 취득할 수 있지만, 식물 돌보는 일은 스스로 칫솔질할 수 있는 어린이라면 충분히 할 수 있습니다. 식물과 함께 사는 삶은 에너지를 아끼고 몸과 마음을 충전하는 가장 쉬운 방법입니다.

식물과 함께 사니 먼지도 적어지고 건강에도 도움이 되었습니다. 5년 동안 몸살이나 감기를 앓은 적이 한 번도 없으니까요. 그뿐만 아닙니다. 초록 식물을 돌보며 마음이 튼튼해지는 걸 느꼈습니다. 뽀로롱 솟아나는 새잎은 아기처럼 강한 생명의 에너지로 힘을 북돋워 주었어요. 무엇인가 해보고 싶은 마음을 촉발하고, 희망을 느끼게 해줍니다.

부모는 아이들의 인생이 더욱 풍요롭길 바라며 책을 읽히고, 악기를 가르치고, 운동을 시킵니다. 식물과 함께 하는 삶도 생활에 스며들도록 가르쳐주면 어떨까요? 식물처럼 작고 여린 생명체를 돌보는 마음은 사랑입니다.

식물과 함께 살면 좋은 점이 한 가지 더 있습니다. 식물의 초록색은 보기만 해도 뇌에서 알파파가 나오는데 이것이 집중력을 높이는데 도움이 됩니다. 산소와 음이온, 알파파 덕분에 나도 모르게 생산성도 함께 상승할 거예요.

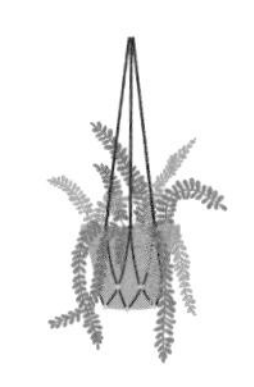

식물 키우기를 어렵게 느끼는 세 가지 경우

식물은 좋아하지만 키우기는 어렵다고 말하는 사람들을 종종 만납니다. 경험에 비추어 보면 크게 세 가지 유형 정도로 나누어볼 수 있어요. 첫 번째는 식물을 데려와 애지중지 키웠는데 점점 시들다 결국 떠나보낸 경험이 있는 경우입니다. 대부분 이 유형에 해당합니다.

식물 분야에는 초보지만 실행력이 좋은 사람에게 자주 관찰됩니다. 식물에 관한 사전 지식이 많지 않은 상태에서 우선 화원이나 식물 가게를 찾습니다. 눈에 가장 잘 띄는 식물을 데려옵니다. 그런데 눈에 잘 띄는 식물은 흔하지 않은 식물일 가능성이 큽니다. 공급이 적으니 흔하지 않지요. 공급이 적을 땐 이유가 있습니다.

이런 식물은 까다로울 가능성이 커요. 초보자가 돌보기에는 일조량, 물 공급, 바람, 흙의 산성도가 섬세해 난이도가 높아요. 그 말은 작은 충격에도 파르르 세상을 떠날 수 있다는 말입니다. 살아 있는 것이 곁을 떠날 땐 그것이 무엇이더라도 마음이 좋지 않으니 상처가 됩니다.

그런 일을 줄이는 몇 가지 방법이 있습니다. 식물을 처음 키우는 사람이라면 흔한 식물을 데려오는 편이 좋습니다. 공급량이 많다는 말은 대체로 잘 죽지 않고 키우기 쉬운 식물이라 해석할 수 있어요. 공급이 많으니 가격도 저렴합니다. 식물에 관해 잘 모르는데 식물을 키우고 싶다면 화원이나 식물 가게에서 가장 넓은 면적을 차지하고 있는 저렴한 식물을 데려오세요. 성공 확률이 높아집니다.

건강한 식물을 데려오면 그 확률은 더욱 올라갑니다. 모든 식물이 똑같이 건강하지 않거든요. 100개의 씨앗을 심어도 100개의 싹을 보긴 어려워요. 씨앗 봉투 뒷면에 보면 발아율이라는 단어가 있습니다. 100개를 심었을 때 몇 개의 싹이 트는지 나타내는 말입니다. 건강하지 않은 씨앗은 자연스럽게 도태됩니다.

씨앗에서 싹이 텄다 하더라도 잘 자라는 아이들과 그대로 멈추는 아이들이 있습니다. 강한 유전자가 싹을 틔우고, 그중에서도 살아남는 아이들이 더 튼튼하게 자랍니다. 종족을 번식시키려는 자연의 원리입니다. 초기 새싹 단계에서 살아남은 조금 큰 식물을 데려오면 함께 살 가능성이 커집니다.

튼튼한 식물을 알아보는 안목을 갖추면 좋습니다. 그건 다음 장에서 조금 더 자세하게 설명하겠습니다.

식물과 함께 살다 보면 모든 식물은 자기만의 속도로 자라는 걸 알게 됩니다. 비슷비슷한 크기의 해피트리 다섯 그루를 데려와 똑같은 화분에 똑같이 심고 나란히 배치해 똑같이 물주며 키운 적 있습니다. 그래도 똑같이 자라지 않습니다. '자연스럽다'는 말은 불확실성과 우연을 품고 있습니다.

두 번째로는 식물을 키워보고 싶은 마음은 굴뚝같지만 공간이 없다고 느끼는 경우가 있어요. 이 경우는 키우는 방법을 연구해보면 해결할 수 있습니다.

좁은 공간을 활용해 식물을 키우려면 사람의 발길이 닿지 않는 데드 스페이스를 활용하면 효과적입니다. 바닥과 벽이 만나는 곳, 세면대 한쪽 코너, 양변기 뒤쪽 등등 구석구석 찾아보면 생각보다 많은 장소를 찾을 수 있습니다.

소파 뒤쪽 공간에도 이케아 바리에라 주방용 바구니를 이용해 수경재배용 화분을 만들어 배치할 수 있습니다. 한 바구니에 스파티필룸을 다섯 포기 정도 넣을 수 있고, 3인용 소파라면 바구니를 세 개 정도 배치할 수 있으니 소파 뒤의 데드 스페이스를 이용해 실질적인 공기 정화의 효과를 볼 만큼 식물을 키울 수 있습니다.

커튼의 레일에도 S자 고리를 이용해 무게를 가볍게 만든 벽걸이용 화분을 걸 수 있고, 창틀, 냉장고 위에서도 식물을 키울 수 있습니다. 좁은 공간이라면 식물을 꽂은 작은 유리병을 이용하시는 것도 방법입니다.

세 번째, 식물을 키우고 싶은데 용기가 나지 않을 경우입니다. 이럴 때는 식물 돌보는 방법을 조금 배우면 됩니다. 운전 학원에 다니며 운전을 배우듯 관련 학원에 다니며 배우면 조금 더 쉽게 식물에

접근할 수 있습니다. 물론 식물 클래스나 유튜브를 참고하셔도 됩니다. 제 유튜브 '정재경의 초록생활'에서도 식물 수업을 볼 수 있어요.

어쩌면 우리는 해보지 않았을 뿐, 식물 다루는 법을 생각보다 많이 알고 있을지도 모릅니다. 우리 유전자는 많은 정보를 담고 있는데요, 처음 보는 식물을 대하면 당황하는데 막상 제 손은 마치 아는 식물을 다루듯 하고 있습니다. 플랜테리어planterior: 식물plant과 인테리어interior의 합성어로, 식물을 활용한 인테리어를 말한다 실습을 해보면 그 사실을 조금 더 확신하게 됩니다. 실제로 제가 진행한 클래스에서 수강생들이 처음 해본다고 하시는데 또 막상 해보면 잘하시거든요.

산에 가면 저절로 큰 숨이 쉬어지거나, 피톤치드 가득한 소나무 아래에서 자연스럽게 발걸음이 느려지는 걸 보면, 어쩌면 우린 이미 몸과 마음에 좋은 게 뭔지 다 알고 있는 게 아닌가 합니다.

잔디밭이나 숲을 보면 무작정 달려가는 아이들도 그런 것 같아요. 길가의 식물을 만져보려고 할 때도 들판에 부는 바람처럼 자연스럽습니다. 아이들이 자연을 탐험할 때 안전에 위협이 되는 경우가 아니라면 "안 돼, 하지 마!" 대신 "이렇게 해봐" 하고 독려해주시면 어떨까요?

또 식물을 키우다가 실패했을 때, 이런저런 방법을 다 써가며 돌봤는데도 떠났다며 너무 마음 상하지 않으면 좋겠습니다. 생명이 있는 모든 것은 언젠가 떠납니다. 제 경험으로는 100개를 키우면 20개 정도는 자연스럽게 떠나는 것으로 보입니다. 우린 신이 아니기 때문에 모든 생명체를 다 살릴 순 없습니다. 다만 배우고 경험을 쌓아가며 떠나는 식물들을 줄일 수 있어요. 0에 수렴할 만큼 노력하는 것이 아닌가 합니다.

식물뿐 아니라 어떤 일이든 실패의 경험은 아프고 괴롭습니다. 그 일을 극복하려면 다시 시도해야 하는데 또 실패할까 두려워 마음을 먹기 어렵습니다. 당연합니다. 또 아프기 싫으니까요. 과거의 경험에서 힘들고 어려운 일이 있었다면 본능적으로 그 일을 피하게 됩니다. 우리는 에너지를 보호하기 위해 그렇게 진화해왔습니다.

극복하는 유일한 방법은 다시 시도하는 것입니다. 다시 해보려는 마음을 먹으려면 용기가 필요합니다. 이건 식물을 키울 때뿐만 아니라 우리 인생을 관통하는 문제이기도 합니다.

이탈리아 태생이며 한국으로 귀화해 '하느님의 종'이라는 뜻의 '하종'이라는 이름을 갖게 된 김하종 신부가 있습니다. 경기도 성남에 '안나의 집'을 짓고 30년 동안 노숙자에게 매일 하루 800인분의 식사를 대접해온 분입니다. 그는 《사랑이 밥 먹여줍니다》에서 성경에는 "용기를 내십시오" "두려워하지 마세요"라는 말이 365번 반복된다고 말합니다. 매일 두렵지만, 매일 용기를 가져야 합니다.

식물 키우기를 어렵게 느꼈다고 해도 다시 한번 도전해보면 좋겠습니다. 이번에 죽였다 해도 다음엔 잘 키울 수 있어요. 용기를 내세요. 두려워하지 마세요.

무슨 일이든 첫걸음은 어렵습니다. 원래 안 해본 일을 한다는 것은 어려운 일이에요. 그럼에도 불구하고 아이와 함께 식물 키우기를 시작한다면 살아가는 데 꼭 필요한 기술 하나를 더 장착하는 셈입니다. 무엇보다 매일 식물을 쓰다듬고 돌보며 아이는 풀 한 포기도 사랑할 줄 아는 따뜻한 마음을 가진 어른으로 자랄 거예요.

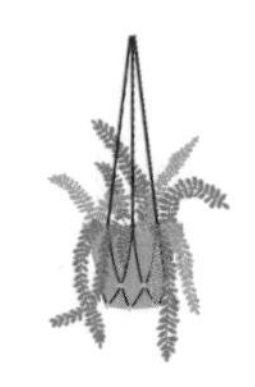

식물과 친해지기 : 산책하기

식물과 함께하고 싶은데 아직 마음을 정하지 못했다면 친해지는 기간을 두며 천천히 탐색해보는 것도 좋습니다.

식물과 친해지는 가장 쉬운 방법의 하나는 집 근처 산책로나 산을 천천히 걸어보는 거예요. 6킬로미터 내외의 거리를 2시간 정도에 다녀올 수 있도록 천천히 걸으면 마음 에너지를 채우고 창조성을 깨우는 데 도움이 됩니다.

스마트 폰을 끄고 천천히 걷습니다. 산책로에는 나무도 있고, 풀도 있습니다. 공기처럼 늘 그곳에 있기 때문에 어떤 식물이 있는지 어떤 나무가 있는지 잘 모릅니다. 조금 더 친해지고 싶은 마음이 들면 나무와 풀을 세심하게 관찰해보세요. 식물의 이름이 궁금할 땐 '모야모' 앱을 쓰면 편리합니다. 사진을 찍어 올리면 어떤 식물인지 금세 알 수 있어요.

숲이나 산책로를 권하는 이유는 자연의 풍요로움을 느끼는 데 비용이 전혀 들지 않을 뿐만 아니라, 관리의 책임이 없으니 더 쉽게 접할 수 있기 때문입니다.

한번은 산책로를 걸으며 나무의 가격과 땅의 가치를 계산해보았습니다. 벚나무가 약 5미터 간격으로 심겨 있었습니다. 5미터×5미터=25제곱미터, 나무 하나당 약 여덟 평의 공간이 필요한 셈입니다. 집 근처 토지의 평당 가격을 약 2,500만 원이라고 가정하면 나무 한 그루에 필요한 땅의 비용만 약 2억 원이었습니다.

산책로에는 벚나무가 줄지어 서 있습니다. 100그루라고 치면 토지 비용을 포함해 약 200억 원어치의 경제적 가치를 갖습니다. 소실점 저 끝까지 이어지는 벚나무 길의 아름다움은 어마어마한 액수의 예산이 투입된 결과물인 셈입니다. 그걸 입장료 없이 무료로 관람하니 얼마나 감사한지요. 관리도 필요 없습니다. 구청 공원관리과의 전문가가 다 알아서 관리해주니까요. 그 사실을 깨닫고부터 아무도 없는 길을 걷거나 달릴 때는 정말 부자가 된 것 같습니다.

봄엔 매화나무가 꽃을 피우고 그다음에는 벚꽃 잔치가 벌어집니다. 벚꽃이 질 즈음엔 하얀 꽃잎이 눈처럼 바람을 타고 파란 하늘을 훨훨 날아요. 그런가 하면 금세 연초록 잎이 돋아 눈부신 햇빛을 가려줍니다. 그때쯤이 되면 산책로에는 철쭉, 진달래, 금계국, 개망초가 한꺼번에 피어올라요. 이 친구들이 모두 식물입니다.

관찰해보면 왕벚나무, 벚나무, 소나무, 떡갈나무, 물푸레나무, 느티나무, 버드나무, 장미, 이팝나무, 조팝나무, 억새, 심지어 칡까지 각자 자기 모습대로 자랍니다. 자연은 서로 다른 모습을 있는 그대로 수용하고 균형을 이루며 함께 자란다는 사실을 깨닫게 됩니다.

아이와 함께 자연 속을 산책하며 식물의 이름을 채집해봐도 좋습니다. 시간은 계속 흐릅니다. 봄이 한때인 것처럼 아이와 함께 지내는 그 시간도 한때입니다. 이 추억이 나중에 어떻게 기억될지 지금은 모릅니다.

아이가 어릴 땐 아이를 돌보느라 육체적으로 정신적으로 버거우니 이 시간이 언제 끝나나 얼른 지나가기만 기다렸는데요, 막상 중학생이 된 지금은 그 시간들이 아까워 종종 마음이 시립니다. 촘촘히 기록해두는 건 그 아쉬움을 줄일 수 있는 좋은 방법이에요.

일기나 사진도 좋지만, 나중에 찾아보니 데이터가 너무 많아 오히려 분류가 어렵더라고요. 같이 산책한 길, 그 길에서 만난 꽃, 그걸로 무엇을 했는지 기록을 남겨두면 아이에게도 좋은 선물이 될 거예요. 자연은 영감의 보고니까요.

자연 속을 걷다 보면 유난히 눈에 들어오는 식물이 있을 거예요. 그 식물을 '내 나무'로 삼으면 산책로가 더 가깝게 느껴집니다. 저는 산책로를 가볍게 달리는 것을 좋아합니다. 반환점이 되는 지점에 왕벚나무가 서 있어요. 다른 벚나무는 크고 덩치가 좋지만 제 왕벚나무는 작고 왜소해요. 하지만 벚나무가 꽃을 모두 떨어뜨린 늦은 봄, 홀로 진한 분홍색 겹벚꽃을 피웁니다. 그 나무가 보고 싶어 자꾸 달리게 되었어요.

마음에 드는 나무와 풀을 찾았다면 만져보고 안아보아도 좋습니

다. 줄기에 귀를 대고 어떤 소리가 들리는지 가만히 들어보세요. 한 손을 잎 아래에, 다른 한 손을 잎 위에 두고 문질러보세요. 그때의 촉감을 잘 기억해두세요. 소나무 잎 한두 개를 뜯어 입안에 넣고 씹어봐도 좋습니다.

보고, 냄새를 맡고, 소리를 듣고, 만지고, 먹고, 안아보는 동안 오감이 깨어납니다. 감각을 깨우는 건 아주 중요한 일이에요. '지금'에 집중할 수 있게 도와주거든요. 행복해지려면 현재에 집중하라는 이야기, 혹시 들어보았나요? 감각을 깨워 현재에 집중하는 동안, 과거의 상처나 미래의 걱정거리에서 벗어날 수 있게 도와줍니다.

아무리 부모라도 아이를 대신해 인생을 살아줄 수는 없어요. 인생을 살다 보면 잘 안 풀리는 일도 있고, 힘든 일이 생길 때도 있습니다. 그러면 우린 술을 마시기도 하고, 일종의 도피로 무언가에 탐닉하기도 해요. 안타깝지만 아이도 그런 상황을 만날 수 있습니다. 그것이 인생이니까요. 무언가가 힘들다고 느낄 때마다 엄마 아빠와 함께 걸었던 산책로나 함께 올랐던 산에 있는 나무가 위로를 준다면 어떨까요.

특히 비 온 다음에는 꼭 아이와 함께 숲이나 산책로를 걸어보세요. 나무가 뿜어주는 피톤치드는 수용성으로 비에 녹습니다. 소나무 아래를 걸을 때 풍기는 코끝 시원한 향이 바로 대표적인 피톤치드입니다. 앞에서 피톤치드는 항균물질이라고 이야기했습니다. 비 온 아침 나무 아래를 걸으면 천연 항균물질 피톤치드를 실컷 흡입할 수 있어요. 세포 끝까지 에너지가 가득 차는 것 같은 느낌이 듭니다.

코로나19 팬데믹 때문에 집 밖은 위험한 곳이라는 인식이 생겼지만, 온종일 집에 머물면서 오히려 체력이 떨어지는 걸 경험했습니다. 사람이 많은 시간대를 피해 산책해보면 어떨까요? 산책로 전체를 대관한 것처럼 즐길 수 있습니다. 저희 동네 산책로는 오전 7시 30분 정도에는 사람이 많지 않아요. 점심시간이 시작되는 12시 근처도 인적이 드뭅니다. 숨어 있는 산책로를 찾아봐도 좋아요. 마치 산책로 전체가 내 것인 듯 즐길 수 있습니다.

그렇게 자주 접하다 보면 식물과 나무가 조금씩 가까워집니다. 친해지면 집 안에도 한 개 키워볼까 하는 마음이 들기 시작해요. 그때부터 식물과 함께 살기 시작해도 늦지 않습니다. 사람마다 접근법이 다르니까요. 아이와 함께 식물원, 화원을 둘러보며 좋은 인상을 받았던 식물들을 찾아봐도 좋습니다. 식물원과 화원을 자주 찾는 습관을 갖게 되면 식물이 저절로 일상생활의 범위에 들어오게 될 거예요.

잘 죽지 않는 실내 식물부터 키워보면 어떨까요? 대표적인 식물로 스킨답서스를 추천하고 싶습니다. 스킨답서스는 실내에서 키우기 가장 쉬운 식물이에요. 새잎도 잘 보여줍니다. 식물이 피워내는 꽃이나 결실도 신비롭지만, 새잎이 솟아나는 그 순간도 강렬합니다.

새잎을 만나면 식물을 키우는 재미를 느낄 수 있어요. 그렇게 되면 식물이 한 개 두 개 늘어납니다. 식물을 하나도 안 키우는 사람은 가끔 만나지만, 하나만 키우는 사람은 보지 못했습니다. 아무리 많아도 지나치지 않은 것은 식물과 "사랑해"라는 말이 아닌가 합니다.

식물을 많이 키우는 것은 지구 환경에도 도움이 되는 일입니다. 환경 파괴의 속도가 너무 빨라 회복이 불가능하다고 하지만, 우리가 집집마다 식물을 많이 키워 숲처럼 많아진다면 그 방향을 반대로 되돌릴 수 있을지도 몰라요.

Play 1 : 식물 채집하기

아이와 산책하다 마음에 들어온 식물을 모아보세요. 커피 필터로 쓰이는 여과지 사이에 식물을 끼워 두꺼운 책으로 누르면 수분이 빨리 흡수되어 잘 말릴 수 있습니다. 각자 좋아하는 꽃을 모아도 좋아요. 채집한 날짜를 기록해두면 좋은 추억이 될 거예요. 꽃잎과 풀잎을 넉넉하게 말려두면 연말 카드를 만드는 데 응용할 수 있어요.
날짜를 정해두고 2주에 한 번 정도 산책길에서 식물을 채집해 말리면 우리 동네 식물도감이 완성됩니다. 30매짜리 앨범에 차곡차곡 꽂아보세요. 여기에 아이의 사진을 함께 보관해보세요. 시간은 아주 빨리 흐르고 져버린 꽃은 다시 피지 않으니 오래도록 간직할 만한 좋은 선물이 될 거예요.

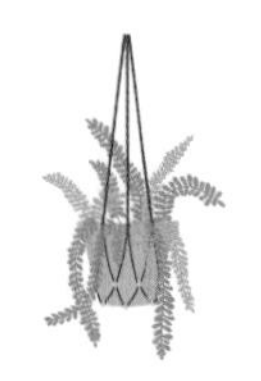

식물 취향 알아내는 법

식물 취향을 알아보려면 먼저 스크랩을 해보는 것도 좋은 방법이에요. 스크랩 기법은 창작자들이 자주 사용하는 것입니다.

방법은 아주 간단합니다. 식물이 아름다운 공간, 예쁘다고 느끼는 식물의 종류, 마음에 드는 플랜테리어, 화분의 모양, 화분 색상 등등 식물에 관한 모든 것을 자유롭게 스크랩하는 거예요. 주제별로 분류하면 더 좋습니다. '식물' '플랜테리어' '화분' '식물 공간' 정도로 나눠 볼 수 있겠어요. 각각 이미지와 정보를 계속 모아 자료가 어느 정도 쌓이면 자료들 사이에서 공통점을 찾아봅니다. 제 경험상 100장 정도면 충분합니다.

잎이 동글동글한 식물의 스크랩이 많다면 유선형의 이미지를 선호하는 것으로 해석해볼 수 있습니다. 쭉쭉 뻗어나가는 형태의 잎이 많다면 직선에 호감을 느끼는 것으로 유추할 수 있고요. 흰색 화분이 많은지, 토분이 많은지, 사각형 형태인지, 둥근 화분이 많은지 찾아가다 보면 나도 몰랐던 내 취향을 발견할 수 있어요.

이미지를 스크랩하는 기법은 좋아하는 식물을 찾을 때뿐만 아니라, 정원을 만들거나, 인테리어를 계획하거나, 가구를 고르거나, 옷을 구매할 때도 응용해볼 수 있습니다. 대표적인 사이트로 핀터레스트http://pinterest.com가 있고, 인스타그램http://instagram.com의 스크랩 기능을 활용해도 좋습니다.

종이 잡지나 책을 직접 가위로 오리고 풀로 붙이며 스크랩북을 만드는 방법도 있어요. 저는 아날로그적인 이 방법을 추천하고 싶어요. 누군가와 함께 해볼 수 있거든요. 특히 아이와 함께하면 좋은 추억이 될 거예요. 잘라 붙이기 아까운 전문서적이나 해외 도서 같은 경우에는 프린터의 복사 기능을 이용해 출력한 다음 스크랩합니다. 취향을 분석하는 데는 복사물로도 충분해요.

주기적으로 관심 주제에 따른 스크랩 작업을 해둔다면 취향의 변천사를 확인하는 기록이 됩니다. 예술가처럼 아카이브가 생기는 셈입니다.

가족이 함께하는 공간에 놓을 식물이라면 가족 모두의 취향을 반영하는 편이 좋습니다. 식물을 좋아하는 취향은 사람마다 다릅니다. 아빠가 좋아하는 식물이 엄마에게 좋은 영향을 주지 못할 수 있고, 엄마가 좋아하는 식물이 또 아이들에겐 보고 싶지 않은 식물일 수 있습니다. 가족 모두가 좋아하는 식물을 골라 데려오는 편이 좋아요.

스크랩 기법을 통해 식물의 취향을 알게 되었다면 지금 당장 식물

식물세밀화가의
친애하는
초록 수집 생활
식물
좋아하세요?
글·그림 조아나
do you
like it?

을 데려오고 싶을 거예요. 그 마음을 꾹 참고 한 가지만 더 확인해 보세요. 화원이나 식물원 등을 찾아서 자신이 고른 식물의 실제 모습을 보고 모아둔 이미지처럼 좋은 에너지가 전달되는지 느껴보세요. 어떤 사람은 직접 만났을 때 더 좋은 경우도 있고, 어떤 사람은 SNS 속 이미지와 달라 실망스러울 때가 있습니다. 식물도 그럴 수 있어요.

확인 작업이 꼭 필요한 이유는 나와 맞는 식물이 있기 때문입니다. 덜컥 집으로 데려왔는데 식물에서 좋은 에너지를 받지 못하면 애정이 점점 식어버립니다. 마음이 멀어지면 눈길도 손길도 덜 가게 되고, 관심과 사랑이 부족한 식물은 상태가 점점 나빠져 결국 세상을 떠나게 됩니다.

식물은 물과 햇빛뿐 아니라, 관심과 사랑을 먹고 자랍니다. 4박 5일 출장을 다녀온 다음 식물들이 퍼석퍼석해져 놀란 적이 있어요. 집을 나서기 전에 물을 충분히 주고 갔고, 집에는 남편과 아들이 있었는데도 비실거려 의아했습니다. 평소라면 2주 정도 물을 주지 않아도 식물들이 반짝반짝했거든요. 관심과 사랑을 주는 주체가 사라지니 풀이 죽었다고 믿고 있습니다. 애정을 품은 따뜻한 눈으로 바라보고, 어루만지고, 필요한 도움을 제공하는 일은 곧 사랑입니다. 식물과 함께 살면 아이에게도 사랑하는 행동이 자연스럽게 몸에 배어들 거예요.

Play 2. 좋아하는 식물 스크랩

아이와 함께 기억하고 싶은 식물 그림을 그리거나 사진을 출력해 붙여주세요. 잡지나 신문, 인스타그램이나 핀터레스트에서 마음에 드는 식물 이미지를 모아둔 페이지를 출력해서 붙여도 좋습니다. 내게 맞는 반려식물을 찾는 데 도움이 될 거예요. 3년마다 한 번씩 정리하면 예술가처럼 아카이브를 쌓을 수 있습니다.

「　」

스크랩 이미지에서 어떤 특징이 보이는지 적어보세요.

1.

2.

3.

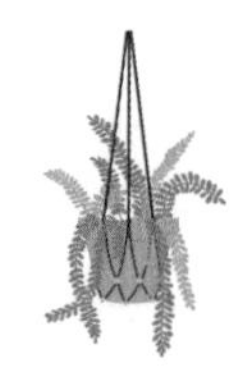

일단 한 개 키워보세요

자, 이제 식물을 한 개 키워볼까 하는 마음이 생겼나요? 여전히 어렵게 느껴질 수도 있어요. 당연합니다. 처음 해보는 일은 그게 무슨 일이든 어렵습니다. 예측이 되지 않거든요.

아들이 어렸을 때 일이 생각납니다. 키가 제 허리춤에도 못 미치던 꼬마였으니 아마 네 살이나 다섯 살쯤이었을 거 같아요. 아이와 함께 곤지암 리조트에 갔던 적이 있습니다. 그곳은 숲이 아름다운 리조트로 유명해요.

케이블카를 타고 화담숲 꼭대기에 도착해 놀다가 등산로를 따라 타박타박 내려오고 있었습니다. 토끼처럼 깡충깡충 뛰어 내려가던 아이가 갑자기 걸음을 멈췄습니다. 무슨 일인가 싶어 얼른 따라가 보니, 발아래 바위가 있었습니다. 높이가 제 허벅지 중간을 넘었으니 아이에겐 키만큼 높은 바위였죠. 아이는 무릎을 꿇고 몸을 구부려 바닥을 보고 있었어요.

바위 위에서 아래쪽으로 뛰어볼까 말까 망설이고 있었습니다. 저도 덩달아 같이 망설이게 되었어요. 아이를 번쩍 들어 길로 내려줄까 아니면 그냥 지켜볼까 갈등하다 몸을 옆으로 비켜서며 아이에게 이렇게 말했어요. "한번 뛰어볼래? 엄마가 보기엔 할 수 있을 것 같은데. 할 수 있다고 생각하면 할 수 있어." 그래도 망설이는 것 같아 또 이렇게 말해보았습니다. "엄마 손 잡고 한번 뛰어내려 볼래?" 하며 오른손을 내밀었습니다. 아이는 그 손을 잡고 일어서더니 바위에서 폴짝 뛰어내렸습니다. 바닥에 잘 착지한 아이는 뒤를 돌아 바위를 보더니 말했어요. "할 수 있다고 생각하니까 정말 할 수 있네?" 하며 가던 방향으로 다시 뛰어 내려갔습니다.

처음 해보는 일이지만 식물을 키워보겠다고 마음을 먹었다면 일단 식물 한 개부터 시작해봅니다. 앞서 식물 취향 파악을 위해 스크랩하는 방법을 소개했습니다만, 일단 마음에 담아둔 식물이 있더라도 처음 구매할 때는 식물 가게나 화원에서 직접 보고 고르는 걸 추천하고 싶어요. 실물을 접했을 때 마음에 꼭 드는 식물이 있을 수 있거든요. 그런 아이를 데려오면 더 오래 함께 살 가능성이 커집니다. 무슨 일이든 시작은 어렵지만, 막상 해보면 할 만해진다는 사실을 기억하고 용기를 내보세요.

식물을 고를 때 한 가지 팁이 더 있습니다. 화분 지름이 8센티미터짜리인 아기 식물을 데려오는 것보다 좀 더 자란 지름 15~20센티미터 정도 형님 식물을 데려오면 성공 확률이 높아집니다. 뿌리가 튼튼하게 자라 있고, 맷집이 생겼기 때문에 환경 적응력이 좀 더 좋아요.

집에 데려온 식물은 밝은 빛이 들고, 바람이 잘 통하는 자리를 찾아 주면 잘 자랄 거예요.

모종용 비닐 화분에 심긴 식물을 샀을 경우 바로 분갈이를 해야 하는지 묻는 분들이 종종 있습니다. 단언컨대 분갈이를 해주는 편이 식물에 더 좋습니다. 그런데 분갈이를 하지 않는다고 죽는 것도 아니에요. 화원에서 구매한 지름 8센티미터짜리 벽돌색 비닐 화분에 담긴 청페페를 분갈이하지 않고 물과 비료를 주며 5년 정도 키워본 경험이 있습니다. 그 작은 화분에서도 청페페는 키가 60센티 정도로 자랐습니다. 그러니 분갈이에 자신이 없다면 그대로 조금 더 키워봐도 됩니다.

실내에서 비료를 쓸 때는 유기비료보다는 합성 비료를 사용하는 걸 권하고 싶어요. 야외보다 통풍이 덜 되는 만큼 유기비료 특유의 냄새가 불편할 수 있고, 통풍이 덜 되는 실내의 특성상 곰팡이가 번식할 가능성이 큽니다. 농촌진흥청에서도 실내 가드닝에서는 화학 비료를 권장하는 편입니다. 저는 '바이오가든'이라는 고체 비료 2그램을 1리터 물에 녹여 봄부터 가을까지 2주에 한 번 사용합니다.

100% 완벽하게 하려면 부담스러워 시작 자체가 어려워지는 경우도 있습니다. 조화롭게 균형을 잡는다고 생각하면 접근이 좀 더 쉬워집니다. 안 해본 일을 하는 데는 지구 자전 방향을 반대로 돌리는 것만큼의 용기가 필요해요. 원래 다 그래요. 그러니 일단 시작해보면 어떨까요?

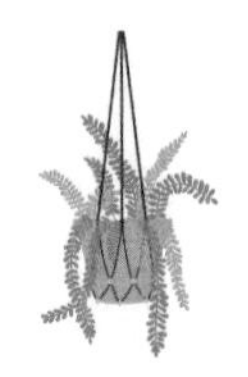

식물 데려오기:
동네 화원, 화훼단지, 농장, 인터넷

식물을 처음 구매하는 경우라면 동네 화원이나 식물 가게를 권하고 싶어요. 소매가격이니 값은 다소 비쌀 수 있지만 전문가가 농장이나 도매시장에서 나름의 기준을 갖고 골라온 식물들이라 좀 더 튼튼할 가능성이 커요. 주인을 만나기 전까지 전문가의 관리를 받았다는 점도 매력적입니다.

'식물을 구매한다'는 개념을 '식물과 함께 산다'로 확장하면 커뮤니티가 됩니다. 집 가까운 곳에 식물을 사랑하는 사람이 있으면 오가며 내 식물에 관한 이야기를 나눌 수도 있고, 관리법을 물어볼 수도 있습니다. 새로 들어온 식물들 구경하는 재미도 쏠쏠합니다. 한 개 두 개 데려오다 보면 성공 확률도 높아져요.

반려식물과 함께 살기 시작하면 생각보다 무척 좋아요. 식물을 더 많이 키우고 싶은 마음이 들 때는 화훼단지를 찾으면 효율적입니다. 화훼단지는 전국의 농장에서 키우는 식물이 한데 모입니다. 한 번에 다양한 종류의 식물을 만날 수 있다는 장점이 있습니다. 또 화훼단지에서는 화분, 농기구, 비료, 농약 등 식물을 키우는 데 필요한 모든 도구와 부자재를 한 번에 해결할 수 있어요. 서울이라면 양재, 남서울, 헌인 화훼단지가 있습니다.

화훼단지의 화분 가게에서 화분을 골라 전문가의 도움을 받아 바로 분갈이해서 집에 데려올 수도 있고요. 덩치가 큰 식물은 비용을 내면 집으로 배송도 해줍니다. 굳이 화훼단지의 단점을 꼽자면 종류가 너무 많아 고르기 힘들다는 점이랄까요. 하지만 스크랩 분석 작업을 통해 취향을 알고 있다면 결정에 들어가는 시간과 에너지를 줄일 수 있을 거예요.

또 다른 식물 구매처로 농장이 있습니다. 직접 기르는 농장에서 구매하면 '농장도매가'로 공급받을 수 있어 가격은 가장 저렴합니다. 그런데 도매의 특성상 한두 개 구매하기는 어렵습니다. 농장마다 주력 품종이 있어 한 가지 식물을 대량으로 구매할 필요가 있을 때 가장 합리적인 방법입니다. 농장이 멀리 있다면 운송비도 고려해야 하고요.

인터넷도 좋은 구매처입니다. 전국 어디에 살든, 집에서 식물을 받아볼 수 있는 편리함도 있고 희귀한 품종을 구하기도 쉽습니다. 실물을 보고 구매할 수 없는 점은 조금 아쉽지만요. 포장 상태도 매우 꼼꼼해서 안전하게 도착하는 편입니다. 포장재를 분리 수거하는 게 조금 번거로울 수 있습니다.

혹시나 해서 말씀드리는데요, 호기심이 생기더라도 해외의 식물을 해외에서 직접 사는 건 안 됩니다. 법으로 금지되어 있어요. 식물에 병이나 해충이 묻어오게 되면 우리나라 식물 생태계에 위협이 되기 때문입니다.

그러면 수입한 식물은 어떻게 시중에 유통되는 걸까요? 수입 식물은 국가를 이동할 때 흙을 제거한 채로 이동합니다. 이 상태로는 수분과 영양분을 흡수할 수 없으니 잎이 무성하면 유지가 어려워집니다. 그래서 잎도 거의 없는 상태로 수입됩니다. 줄기만 있다고 생각하면 돼요. 엄격한 검역 및 통관 과정을 거쳐 수입원으로 이동하고 농장에서 다시 흙에 심어 뿌리와 잎을 키운 다음 화훼단지 등으로 유통하게 됩니다.

우리 땅에 자라는 자생식물을 데려오면 오래오래 같이 살 가능성이 큽니다. 한반도의 환경에 충분히 적응해 내성이 강하고, 잘 자라니 공급도 충분합니다. 시장의 원리에 따라 가격도 저렴한 편이고요. 제가 권하고 싶은 대표적인 자생식물은 맥문동입니다. 무엇보다 자생식물을 키우면 식물 관리가 편해져요. 우리 기후에 이미 적응한 식물이니까요. 반려식물과 함께 사는 생활이 조금 더 쉬워지는 꿀팁입니다.

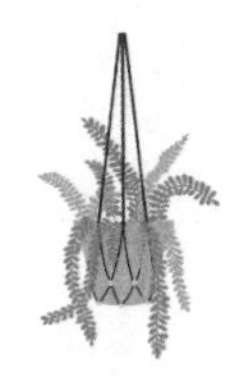

건강한 반려식물 고르는 법

식물은 가만히 있으니 살아 있는지 죽은 건지 참 헷갈리죠? 그런데 식물들을 잘 관찰해보세요. 새잎을 내밀거나, 손가락 마디만 한 잎이 자라 손바닥만큼 커 있거나, 한 뼘만 하던 키가 어느새 무릎 높이까지 쑥 자라 있을 거예요. 식물도 움직입니다. 다만 우리 눈이 인식하지 못할 정도로 속도가 느릴 뿐이에요.

움직이는 걸 확인할 수 있는 좋은 예가 있어요. 식물은 빛을 따라 가지를 내밀고 그쪽으로 잎을 더 무성하게 키웁니다. 광합성을 하려면 해를 보는 쪽으로 잎을 뻗는 게 식물 입장에서도 경제적인 방법일 거예요. 그런데 한 방향을 오래 보고 있으면 잎이 한쪽으로 많아집니다. 잎의 무게 때문에 가지도 휘어요. 그러면 생장에 무리가 생깁니다. 한 방향으로 잎이 무성해지는 것 같다 싶으면 화분을 반대 방향으로 돌려줍니다. 며칠 뒤 바라보면 잎들은 어느새 또 해를 향하고 있습니다. 움직이고 있다는 이야기입니다.

비록 성큼성큼 걷거나 깡충깡충 뛰지는 못해도 식물도 분명히 움직이는 생명체입니다. 물이 부족하면 축 늘어지고, 늙은 잎은 누렇게 변해요. 기분이 좋으면 반짝반짝 윤이 나는 새잎을 내밀기도 합니다.

식물과 함께 살면 좀 더 생생하게 느낄 수 있어요. 그뿐 아니라 정서적으로도 교감하게 됩니다. 시들시들한 잎을 보면 "아이고. 목이 말랐구나. 아유, 미안해라" 하며 말도 걸고 잎도 쓰다듬게 되어요. 2년 넘게 같이 살고 있는 반려묘 별이한테 하는 행동과 똑같습니다.

이렇게 생명을 갖고 있는 식물을 '골라' 온다는 사실이 어쩐지 정서적으로 불편한 마음도 들지만, 그래도 건강한 식물을 알아볼 수 있게 도와드릴게요.

먼저 잎을 살펴보세요. 혹시 무언가가 묻어 있다면 병에 걸렸을 가능성이 있어요. 건강한 식물은 잎이 깨끗하고 반짝거립니다. 잎에 꿈틀거리는 게 보인다면 해충일 수 있습니다. 그런 식물은 피하는 편이 좋습니다.

그다음 식물의 줄기를 봅니다. 식물은 줄기가 굵을수록 건강한 식물로 칩니다. 줄기가 굵어지려면 물과 바람과 햇빛, 그리고 시간이 필요해요. 줄기가 굵다는 것은 그만큼 오랜 시간을 자라왔다는 의미입니다. 그런 식물은 회복탄력성이 강해 환경이 조금 바뀌어도 잘 견디는 편입니다.

또 한 화분 안에 줄기가 여러 개 있는 식물이 유리합니다. 잘 돌보면 나중에 여러 개의 화분으로 나눌 수 있어요. 좋아하는 식물 한 개가 여러 개로 불어납니다.

CHERRY
€5.99
AVIFLORA
AVIFLORA
AVIFLORA
AVIFLORA
AVIFLORA

뿌리의 상태도 중요해요. 화분을 들어 아래쪽을 들여다보면 뿌리가 화분 밖으로 나와 있는 식물들이 있어요. 그 식물들은 화분 안에서 무럭무럭 자란 식물입니다. 가끔 번식한 다음 뿌리가 튼튼하게 내리지 못한 경우도 보이는데요, 뿌리가 튼튼한 식물과 그렇지 않은 식물은 생존 확률에 차이가 있습니다.

뿌리가 화분 밖으로 나온 식물은 화원에서 분갈이한 다음 데려오는 편이 좋습니다. 뿌리보다 화분 크기가 작아서 그냥 그 화분에서 키우면 생육 상태가 나빠질 수 있어요. 물론 스스로 분갈이를 할 수 있을 만큼 식물 다루기에 자신이 생겼다면 직접 해도 좋습니다.

화분에 담긴 흙 표면에 이끼가 자라고 있는 식물도 추천하고 싶어요. 화원에서 오랜 시간 기른 식물이거든요. 뿌리가 튼튼하고 영양 상태가 좋을 가능성이 큽니다.

건강한 식물을 고르기 위해 판매점에서 식물을 만지고 들춰보는 행동은 삼가야 합니다. 혹시라도 잎이 뜯어지거나 흠집이 생기면 상품 가치가 떨어지니까요. 살아 있는 모든 것들은 소중합니다. 식물 가게에서 식물을 만나면 늘 그 마음을 되새겨요.

Play 3. 우리 집 첫 식물!

우리 집에 처음 온 식물을 그리거나, 사진을 붙여주세요! 날짜와 학명을 기록해두면 관리하기도 좋고 추억도 될 거예요. 식물에 변화가 있을 때마다 기록해 나가도 좋습니다.
모든 시작이 그렇듯 완벽하지 않아도 좋아요. 시작하는 발걸음을 자신 있게 내딛어보세요. 아이도 무엇인가 시작하기 망설여질 때 이 일을 떠올리고 힘차게 나아갈 수 있을 거예요.

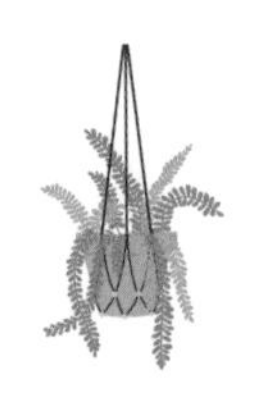

용기를 주는 실내 공기 정화 식물 TOP 5

'우리 집에도 식물 하나 키워볼까' 하는 마음이 조심스럽게 싹트는 분들을 위해 용기를 주는 실내 공기 정화 식물 다섯 가지를 추천해 봅니다. 지금부터 나오는 식물 이름은 잘 기억해두면 도움이 될 거예요. 실내에서도 잘 자라고 공기를 잘 정화하며, 순하고 무탈합니다. 다섯 가지를 한데 모아 키워도 조화롭게 잘 어울립니다.

Top1 스킨답서스 *Epipremnum* 실내에서 키우기 가장 쉬운 식물

첫 번째로 스킨답서스를 추천하고 싶어요. 원래 학명은 포토스 아우레우스Pothos aureus였던 것이 1900년대 중반에 속명이 스킨답서스Scindapsus로 바뀌었고 최종적으로 에피프레넘Epipremnum으로 확정되었어요. 하지만 국내에서는 여전히 '스킨답서스'로 유통되고 있어요.

스킨답서스는 실내에서 키우기 가장 쉬운 식물입니다. 얼마나 죽지 않으면 별명이 '악마의 식물'이겠어요. 수경재배하는 물병의 물을

완전히 말려도 약 2주 정도 목숨을 유지할 수 있습니다. 물을 부어주면 다시 살아납니다. 가끔 스킨답서스도 보냈다는 분들이 나타나는데요, 그건 물을 부어주는 것도 잊을 만큼 현실 세계에서 열심히 살았기 때문이 아닐까 생각합니다. 자책하는 대신 열심히 산 자신을 칭찬해도 될 것 같아요.

너무 바쁠 땐 식물을 세면대 가까운 쪽으로 옮겨주세요. 그럼 이를 닦으며, 몸을 씻으며 식물에 눈길이 머무니 생존 확률이 좀 더 높아집니다.

저에겐 잎 두 장짜리 스킨답서스가 있습니다. 이상하게 마음이 가이사할 때도 차로 모셔 다니며 애지중지했어요. 3년 정도 되었을 때 잎이 겨우 네 장으로 늘어났는데, 여행을 다녀오느라 깜빡 한 사이에 스킨답서스가 완전히 기절했어요. 다시 살아날 수 있을까 반신반의하며 물을 주었는데 네 잎 중 두 잎은 노랗게 되고 두 잎만 남은 채 살아났습니다. 그 잎이 2년이 더 흐른 이번 여름에 세 잎이 되고, 겨울을 앞둔 지금 네 잎이 되었습니다. 이럴 때 얼마나 기쁜지 몰라요.

스킨답서스는 덩굴식물이라 보통 위에서 아래로 내려오게 자라는데요, 위에서 아래로 내려오는 건 무의식에서 하강을 암시합니다. 아래에서 위로 올라가게 키우는 편이 좋습니다. 화분 흙에 수태봉을 꽂아주시면 아래에서 위로 자랍니다. 수태봉은 코코넛 섬유로 둘러싸인 막대기로, 식물이 코코넛 섬유에 뿌리를 내리며 따라 올라가요. 벽걸이용 화분을 만들어 넝쿨이 줄을 타고 올라가도록 길을 만들어주어도 됩니다.

스킨답서스 줄기에 보면 공중 뿌리, 즉 기근이 나옵니다. 그 아래쪽을 잘라 물에 꽂아 수경재배하면 마치 꽃다발처럼 예뻐요. 뿌리 하나에 잎 한두 장 정도 달리도록 줄기를 짧게 잘라줍니다. 유아용 안전가위로도 충분히 자를 수 있으니 아이와 함께 해보면 어떨까요? 물만 부어주면 자라니 아이들도 충분히 돌볼 수 있을 거예요. 아이들에게 줄 때는 잘 깨지지 않는 멜라민 수지 그릇이나 컵을 이용해도 좋습니다.

다양한 종류의 스킨답서스를 섞어주면 심미적으로 좀 더 아름답게 연출할 수 있어요. 꽃꽂이에서는 꽃과 잎의 종류가 다양할수록 더 고급으로 치는 경향이 있습니다. 형광 스킨답서스, 평범한 스킨답서스, 엔조이 스킨답서스, 마블 스킨답서스 등을 섞어 물꽂이를 하면 다양한 질감을 즐길 수 있을 거예요.

스킨답서스는 일산화탄소를 잘 제거하는 식물로 가스레인지 근처에서 키우면 더욱더 실용적입니다. 유리병이나 유리 재질의 화병에 담아 키우면 청량한 느낌이 들어 주방에도 잘 어울립니다. 약간의 독성이 있으니 반려동물이나 어린아이가 먹지 않도록 주의해주세요.

식물에 생기는 벌레가 걱정되어 식물을 키우기가 어렵다면 더욱더 스킨답서스를 추천합니다. 5년 넘게 스킨답서스를 키우며 단 한 마리의 벌레도 보지 못했습니다.

Top 2 스파티필룸 *Spathiphyllum Schott.* **수경재배하기** 좋은 식물

두 번째는 스파티필룸이 있습니다. 스파티필룸은 《사람을 살리는 실내 공기 정화 식물 50》 중 12위로 소개되고 있습니다.

스파티필룸은 수경재배하기 좋은 식물입니다. 《우리 집이 숲이 된다면》 93쪽에 하얀 플라스틱 바구니에 담아 욕실에서 수경재배하는 사진을 실었는데, 그 바구니의 구매처를 묻는 인스타그램 DM, 블로그 댓글, 메일이 쇄도했습니다.

그 주인공은 이케아 바리에라 시리즈로 원래 용도는 주방용 바구니입니다. 제가 화분으로 사용한 이유는 바닥 폭이 10센티미터 정도로 면적을 거의 차지하지 않기 때문입니다. 벽과 바닥이 만나는 부분, 먼지가 쌓이는 부분에 그 화분을 조르륵 배치해 주면 먼지가 사라지는 걸 관찰할 수 있어요.

수경재배는 식물의 뿌리만 물에 담가 키우는 방법을 말합니다. 뿌리의 흙은 모두 제거해주어야 해요. 먼저 스파티필룸을 화분에서 꺼냅니다. 뿌리가 화분 밖으로 나올 만큼 잘 자랐다면 가위로 비닐 포트를 잘라 뿌리가 다치지 않게 분리해주세요. 그다음 흙을 털어줍니다. 젓가락으로 땋은 머리를 풀 듯 뿌리를 풀어주면 됩니다. 금속 젓가락은 뿌리를 다치게 할 수 있고, 나무젓가락은 뿌리와 마찰이 생겨 시간이 더 오래 걸립니다. 매끈한 플라스틱 젓가락을 사용하면 편리합니다.

뿌리의 흙을 아무리 잘 털어도 약간 묻어 있을 거예요. 다음 단계로 양동이에 물을 받은 다음 뿌리를 물에 넣고 흔들어 씻어줍니다. 그 물을 하루나 이틀 밤 묵힌 다음 흙이 아래로 가라앉으면 윗물은 따라 버리고 가라앉은 흙은 말린 다음 종량제 봉투에 넣어서 배출합니다. 흐르는 물에 뿌리를 씻으면 흙이 배수구로 흘러 들어가 하수관이 막힐 수 있으니 주의해야 합니다.

화분 아래쪽에는 돌을 깔아주는 편이 좋습니다. 이때 마사토를 사용한다면 세척 마사토를 추천합니다. 일반 마사토에는 진흙이 묻어 있어 뿌리가 숨을 쉬지 못하고 관리가 다소 불편하기 때문이에요. 화분 표면을 덮는 장식용 자갈을 사용해도 됩니다. 수경재배에 돌을 깔아주는 것은 화분의 무게중심을 잡아 넘어지지 않게 하고, 식물이 더 잘 자라도록 돕는 데 목적이 있습니다. 식물의 뿌리는 무언가를 잡고 자라는 성질이 있어 돌을 넣어주면 생육 상태가 더 좋아지거든요.

뿌리만 물이 잠기게 부어주고, 줄어들면 보충해주는 방식으로 키웁니다. 닦아주지 않아도 괜찮아요. 고온다습한 장마철, 물에서 악취가 풍기려고 할 때 1년에 한두 번 정도 바구니의 물을 따라 버리고 새 물을 채워주면 충분합니다. 물속에 맥반석 돌을 넣어두면 물이 깨끗하게 오래 유지됩니다.

스파티필룸은 부피가 작은 식물이라 납작하게 키울 수 있습니다. 한정된 공간에서 식물을 많이 키우고 싶을 때 적극적으로 활용해보길 권합니다. 농촌진흥청은 19.8제곱미터 거실을 기준으로 30센티미터 크기의 공기 정화 식물이 10.8개 있으면 실질적으로 공기 정화의 효과가 있다고 안내하고 있습니다. 데드 스페이스를 활용해 식물을 키우면 공기 정화와 가습기 역할을 기대해볼 수 있습니다.

스파티필룸은 빛이 적은 실내에서도 하얀 꽃을 피워 심미적인 만족감을 줍니다. 백조의 머리같이 우아한, 꽃으로 여겨지는 흰 부분은 사실 불염포고, 안쪽 도깨비방망이 같은 부분이 꽃입니다. 꽃이니 꽃가루가 생깁니다. 꽃가루 알레르기가 있는 사람은 이 꽃가루에도 알레르기 반응이 일어납니다. 꽃이 미성숙할 때 가위로 똑 잘라주는 편이 좋습니다.

Top 3 접란 *Chlorophytum* 반려동물에게 안전한 식물

저희 집에는 반려묘 별이가 있습니다. 2019년 추석 즈음 우리 식구가 된 별이는 '치즈냥'이라 불리는 갈색 털을 가진 브리티시 숏헤어

종입니다. 별이는 사람을 참 좋아하는 고양이입니다. 처음 보는 사람에게도 스스럼없이 다가가 몸을 쓰윽 부딪고, 발아래 서서 '야옹야옹'하며 아는 척을 해요. 방송국에서 촬영팀이 왔을 때, 마치 뭘 아는 것처럼 카메라 앞에 가서 어슬렁거리고 앉아, 방송도 여러 번 나왔습니다.

별이와 함께 살기 시작했을 때 식물이 많아 조금 걱정이 되었습니다. 식물 가운데는 고양이에게 안전하지 않은 걸로 알려진 식물도 있었거든요. 곧 걱정할 필요가 없다는 사실을 알았어요. 별이는 코를 찡긋찡긋하며 냄새를 맡아보고 자기가 먹어도 되는지 아닌지 스스로 구분합니다. 식물뿐 아니라 우유, 현미유, 코코넛 오일도 코를 찡긋찡긋하며 알아서 찾아 먹었어요.

별이가 잘 먹는 식물 중에는 접란이 있습니다. 처음 접란을 데려왔을 때, 별이가 보자마자 열심히 뜯어 먹어 식물이 채 자랄 틈이 없었어요. 결국 접란은 기운을 못 차리고 세상을 떠났습니다. 그래서 이제는 접란을 여러 개 키웁니다. 어느 해엔가 접란이 유난히 잘 자랐어요. 지름 30센티미터짜리 화분에 심은 접란이 러너잎 없이 길게 뻗는 가는 줄기를 여러 줄기 뻗어 어린 접란을 풍성하게 키워냈습니다. 이걸 일곱 개의 화분으로 나눠서 키우니 이제 별이가 이쪽 접란을 뜯어 먹을 때 저쪽 접란이 자라고, 저쪽 접란을 먹을 때 이쪽 접란이 자라, 접란과 고양이 모두가 만족하는 생태계를 만들 수 있었습니다.

접란은 반려동물에게 안전한 식물입니다. 더 정확한 정보가 필요

하다면 미국 동물 학대 방지협회에서 운영하는 사이트https://www.aspca.org/를 참고해보세요. 학명으로 검색하면 독성이 있는 식물과 독성이 없는 식물을 정확하게 알 수 있습니다.

접란 역시 공기 정화 식물입니다. 창가에서 빛을 충분히 주며 키우면 잎 중간에서 긴 빨대같이 빳빳한 러너를 뻗고, 그 끝에 손톱만 한 하얀 꽃을 피웁니다. 꽃이 지고 나면 어린 접란이 대롱대롱 매달려요. 그 모습이 거미가 매달린 것 같다고 해서 '스파이더 플랜트Spider plant'라고 부릅니다.

이 어린 접란들을 자세히 관찰하면 뿌리가 자라는 걸 볼 수 있어요. 뿌리가 1센티미터 정도로 자랐을 때 러너에서 잘라 여러 개를 모아 물을 담은 컵이나 통에 담아 수경재배하면 또 금세 풍성하게 자랍니다. 잘라낸 아기 접란을 다른 화분 위에 살짝 놓아도 금세 뿌리를 내리며 잘 자랍니다.

시중에서 유통되는 이름은 크게 '접란'과 '나비란'으로 구분합니다. '접란'이라 불리는 식물은 러너가 길게 자라고, 그 끝 쪽으로 어린 접란이 달리고, '나비란'이라 불리는 식물은 포복경땅 위로 기어가는 가는 줄기이 잎 사이사이에서 짧게 자라고, 그 끝에 새끼가 달려요. 나비란은 꽉 머리를 짧게 묶어준 듯 자유롭게 보이기도 합니다.

접란은 독성이 없으니 아이와 함께 잘라 수경재배하는 식물을 만들어보는 건 어떨까요? 식물을 자르기 전 가위나 칼을 알코올 솜으로 소독해주면 날에 묻어 있는 세균이나 박테리아가 식물을 손상시키는 걸 방지할 수 있어요. 어린 접란의 뿌리 아래쪽 줄기를 가위로 자른 다음 모아줍니다. 빛을 골고루 받을 수 있도록 비슷한 키로 자르는 편이 좋아요. 그릇에 담고 뿌리가 물에 잠길 만큼 수돗물을 받아주세요. 금세 또 자랄 거예요.

Top 4 아레카야자 *Chrysalidocarpus lutescens*

최고의 실내 공기 정화 식물

네 번째는 아레카야자를 추천하고 싶어요. 아레카야자는 최근 매

스컴에 자주 등장하는 공기 정화 식물입니다. 공기 정화 능력이 좋고, 병충해가 잘 생기지 않으며, 증산 능력이 풍부합니다. 1미터 정도 높이의 아레카야자는 하루 1리터의 물을 머금었다 뿜어낼 수 있다고 알려져 있습니다.

아이가 초등학생일 때, 아이 방 침대 옆에 작은 책상을 두고 키가 1미터 정도 되는 아레카야자 세 그루를 올려 침대 머리맡에 잎이 드리우게 연출해준 적 있어요. 아이는 침대에 누울 때마다 얼굴에 잎이 닿는 느낌이 좋다며 나무가 더 많으면 좋겠다고 이야기하곤 했습니다. 숲속에 누워 있는 느낌이 든다고 했습니다. 어쩐지 낭만적이었어요.

아레카야자의 잎은 쭉쭉 뻗으며 자라기 때문인지 공간을 숲처럼 바꾸는 에너지가 있습니다. 부피가 다소 큰 편이라 넉넉한 공간이 있어야 하지만, 벽과 벽이 만나는 데드 스페이스를 활용하면 불편하지 않게 키울 수 있어요. 벽이 있는 곳에는 대부분 창이 있으니 광량도 풍부합니다.

간혹 아레카야자를 키우다 보면 잎이 옆으로 누워서 지나다닐 때마다 몸에 부딪혀 불편함을 줍니다. 잎이 옆으로 눕는 이유는 두 가지가 있습니다. 하나는 수분 부족입니다. 뿌리가 젖을 만큼 흠뻑 관수하고, 잎에도 분무기로 수분을 충분히 공급해주세요.

아이들과 함께 잎에 수분을 뿌려주면 재미있는 놀이가 될 거예요. 입자가 고운 안개 스프레이를 사용하면 마루를 보호할 수 있습니다. 뿌리와 잎으로 수분을 충분하게 공급받은 아레카야자는 줄기에 물이 올라 꼿꼿하게 살아나기도 합니다.

물을 실컷 마셨는데도 가지가 계속 누워 있다면 줄기의 힘이 약해졌을 가능성이 커요. 실내에서 자라는 식물은 바람이 없기 때문에 줄기가 점점 약해집니다. 식물에게 바람은 곧 운동인데 운동을 하지 않으니까요.

가능하다면 봄부터 가을까지는 실외에서 실컷 비와 바람과 햇빛을 맞을 수 있도록 도와주세요. 요양하는 셈입니다. 그러면 줄기가 몰라보게 강해집니다. 잎들이 다시 위쪽으로 꼿꼿하게 자랄 거예요.

발코니나 베란다가 없다면 줄기를 묶어 모양을 잡아줘도 됩니다. 이때 고무줄을 사용하는 일은 피해주세요. 탄성이 물관과 체관을 막아 생장을 방해합니다. 플라스틱 끈이나 인조 가죽끈으로 느슨하게 묶어도 좋아요. 나무의 모양을 충분히 잡을 수 있습니다.

숱이 너무 많아졌거나 계속 옆으로 누워 있는 가지는 과감하게 정리해도 좋습니다. 다만 가지를 자를 때는 뿌리 가까운 곳에서 자르기보다, 잎이 시작되는 부분 근처에서 잘라주세요. 식물은 가지고 있는 에너지 대부분을 줄기를 꼿꼿하게 세우는 데 사용하기 때문에 뿌리 가까운 곳에서 자르면 줄기가 흔들려 에너지 손실이 큽니다. 그래서 줄기를 지지할 수 있도록 중간 부분에서 잘라주는 것입니다. 남아 있는 밑동은 갈색으로 마르며 때가 되면 스스로 똑 떨어집니다.

가지를 솎아낸 초록 잎은 버리는 대신 서너 줄기 모아 유리병에 꽂아두면 한동안 그 멋을 즐길 수 있습니다.

간혹 아레카야자의 가지부터 잎까지 전체가 노랗게 변하는 경우가 있습니다. 한번 색이 변한 잎은 다시 초록으로 돌아오지 않습니다. 눈에 띌 때마다 제거해주세요. 갈색으로 마르는 잎도 마찬가지로 잘라주세요. 색깔이 변한 부분만 잘라도 됩니다. 식물이 시든 잎에 에너지를 소모하지 않도록 바로바로 정리해주는 편이 좋습니다.

아레카야자의 나무 모양은 좁고 긴 형태의 화분과 잘 어울려요. 새잎은 공중을 향해 팔을 뻗는 것처럼 씩씩하게 올라옵니다. 용기를 주는 식물이에요. 반려동물에게도 안전합니다.

Top 5 인도고무나무*Ficus elastica* 천천히 자라 매력적인 식물

다섯 번째는 인도고무나무를 소개합니다. 인도고무나무도 공기 정화 식물입니다. 병충해에도 강하고, 증산량도 풍부합니다. 심지어 고무나무는 2012년 《세계 잡초 개요서》에 등재되었을 만큼 끈질긴 생명력을 지닌 식물입니다. 잎 모양이 동글동글해 귀엽고, 수형이 아름다워 인테리어 디자이너와 스타일리스트의 총애를 받는 식물이에요.

인도고무나무는 생장이 느린 편이라 실내에서 키우기 좋습니다. 식물이 잘 자라지 않는 걸 반가워하니 어딘가 미안하지만, 천천히 자라는 식물을 선호하는 경우도 있습니다. 우리가 생활하는 공간의 크기가 정해져 있기 때문입니다. 식물이 쑥쑥 자라는 것처럼 공간도 함께 자라면 좋을 텐데, 공간은 무생물이니 자라지 않습니다. 식물이 너무 잘 자라 생활하는 공간을 침범하면 불편함을 느끼기 때문에 천천히 자라는 식물을 선호하는 사람들도 있어요. 그런 분들에게 인도고무나무를 추천하고 싶어요.

수채화 고무나무, 뱅갈 고무나무도 인도고무나무의 사촌 정도로 관리법은 비슷합니다.

other 그 밖에 추천하고 싶은 실내 공기 정화 식물

- 휘커스 움베라타Ficus umbellata 잎에서 특유의 향기가 있는데, 아주 약한 담배 향처럼 느껴지기도 해요. 일본의 가정집에서는 집마다 한 그루씩 키울 만큼 사랑받는 나무예요.
- 수채화 고무나무F.e.cv.Asahi 인도고무나무의 사촌입니다. 잎이 붓으로 수채화를 그린 것처럼 분홍색, 레몬색, 연두색이 번져 여러 가지 색을 즐길 수 있는 나무입니다. 아름답습니다.
- 호야Hoya 하루 10시간 이상 빛을 쬐면 실내에서도 꽃을 피웁니다. 동남향이나 동서향에 비치하면 됩니다. 분홍색 별 같은 꽃을 피우는데, 초콜릿 향기가 나요.
- 몬스테라Monstera spp. 잎이 찢어지듯 자라 인기가 많은 나무입니다. 몬스테라는 생명력이 강해요. 굵은 뿌리가 길게 자라는데 불편하면 잘라도 됩니다.
- 아스파라거스Asparagus 눈 결정 모양으로 짧고 가는 잎이 자랍니다. 다른 식물과 섞어 사용하면 더욱 아름다워요. 가지 중간 날카로운 가시가 있으니 주의하세요.
- 핑크 싱고늄Syngonium Schott 핑크색을 볼 수 있는 귀한 공기 정화 식물이에요. 수경재배에도 잘 자라고, 높게 자라는 편이라 포인트로 연출하기 좋습니다.
- 레드스타Fittonia 새빨간 잎을 가진 공기 정화 식물로 낮고 넓게 자

호야

홍공작 만냥금

핑크 싱고늄

랍니다. 잎맥이 붉은색으로 선명하게 보이는데 호불호가 있으니 꼭 직접 보고 선택하세요.

- 피토니아Fittonia 레드스타처럼 낮고 넓게 포복하며 자라는 식물입니다. 초록색 잎에 선명한 흰색 잎맥이 도드라지는 공기 정화 식물입니다.
- 홍공작 만냥금 만냥금은 농촌진흥청에서 발표한 공기 정화 식물로, 자주색 잎이 독특해요.

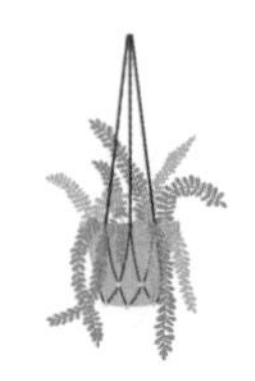

식물 키우기 정말 쉬운 방법 : 저면관수법, 수경재배

가끔 화분을 구경하다 보면 물구멍이 없는 화분을 만납니다. 주로 유럽 쪽에서 수입된 화분에서 관찰할 수 있어요. 식물을 키우는 문화가 다르기 때문입니다.

우리는 물구멍이 있는 화분에 식물을 심어 물뿌리개나 샤워기로 잎부터 시원하게 물을 준 다음 흙 속 물이 구멍을 통해 쭉 빠지는 방식에 익숙합니다. 이런 물주기의 방식을 '두상관수'라 합니다. 실외 공간이나 베란다에서 키울 때 익숙한 방식입니다.

그런데 이 방식은 식물을 화분에 담아 실내에서 키울 땐 조금 곤란합니다. 화분에 물을 줄 때마다 화분 받침에 넘치지 않을 만큼, 그러면서도 흠뻑 주는 정도를 잘 알지 못해 결국 흘러넘쳐 바닥재가 손상되는 경우가 종종 관찰되기 때문이에요.

이럴 땐 물구멍이 없는 화분을 사용해보세요. 식물이 심긴 화분을 다시 구멍이 없는 화분에 담아 키우는 방식입니다. 화분에서 흘러넘친 물이 구멍 없는 화분에 고여 바깥으로 새 나오지 않아 편리합니다. 이렇게 키우는 방식을 '저면관수'라고 부릅니다.

농촌진흥청 농업용어사전에 의하면 저면관수는 '화분 재배, 온실 재배에서 매일 관수를 반복하며 토양이 단단해져서 작물의 생육을 저해하게 되므로 모세관수에 의해 작물이 밑으로부터 물을 흡수하도록 하는 것'이라고 안내하고 있습니다. 즉 물을 위에서 주는 게 아니라 밑에서 주는 것이라고 생각하면 됩니다. 뿌리 부분이 물에 닿게 해 키우는 방식입니다. 제가 사용하는 방식은 정확히 보면 두상관수와 저면관수 혼합입니다.

뿌리가 항상 물에 잠겨 있으면 썩어버리지만, 저면관수 방식은 뿌리가 내내 물에 잠겨 있지 않아요. 물을 주다 넘친 물을 뿌리가 마시고, 마른 다음 식물에 물을 주고 넘친 물을 또 뿌리가 마시는 방식입니다. 그렇기 때문에 식물이 잘 자라는 편이고 물주기에 서툰 아이들도 식물을 죽이지 않고 키울 수 있는 아주 쉬운 방법입니다.

저면관수 전용 화분도 있지만, 굳이 구매할 필요 없이 구멍이 없는 화분에 물구멍이 있는 화분을 넣어 키우거나, 화분 받침을 이용해도 됩니다. 뿌리가 숨을 쉴 수 있게 도우려면 뿌리에 심지를 심어 바깥쪽 화분에 고여 있는 물에 닿게 해주어도 좋습니다.

저면관수법으로 식물을 키울 때는 바깥쪽 물구멍이 없는 화분은 식물이 심긴 화분보다 넉넉한 편이 좋습니다. 꼭 맞으면 공기가 통하지 않아 물이 늦게 마르고 뿌리의 생육 상태가 나빠져요. 안쪽 화분과 바깥쪽 화분 사이에 적어도 손가락 두 개 정도 들어갈 만큼 여유를 둬 통기 공간을 만들어주세요. 주방에 있는 그릇을 사용해도 좋습니다.

'수경재배'는 뿌리를 물에 담가 키우는 방식입니다. 스파티필룸처럼 뿌리의 흙을 털어 수경재배 화분을 만들어주기도 하고, 간혹 줄기가 무르거나 상태가 좋지 않은 식물은 잎을 잘라 물에 꽂아 키우기도 합니다. 줄기가 똑 부러진 식물도 일단 물에 꽂습니다. 그럼 뿌리를 내리는 식물들이 있어요. 개운죽, 마지나타, 프렌치 라벤더, 레드스타, 수채화 고무나무, 뱅갈 고무나무 모두 뿌리를 내려 다시 심어준 경험이 있습니다.

작은 식물이 뿌리를 내리고, 그 식물을 흙에 심으면 또 하나의 식물이 됩니다. 이 경험은 아이들에게 생명의 소중함을 느끼게 도울 거예요.

수경재배할 땐 뿌리가 잡고 일어설 수 있도록 바닥에 돌을 깔아주는 게 좋습니다. 물을 자주 갈아줄 필요는 없지만, 냄새가 날 때는 흐르는 물에 씻은 뒤 과산화수소를 넣어주면 도움이 됩니다. 물 500밀리리터당 과산화수소 5밀리미터를 넣으면 박테리아와 균을 죽이고, 뿌리의 산소 순환을 도와주는 효과가 있습니다.

수경재배하는 화분에 물고기를 키우면 물고기의 배설물이 식물의 성장에 도움이 되고, 뿌리의 호흡이 물고기에게 도움이 됩니다. 서로 상생하는 생태계가 만들어져요.

식물을 키우다 보면 죽을 때도 있습니다. 아이들은 처음 경험하는

이별에 당황하겠지만 마음 건강을 위해서는 갑작스럽게 큰 이별을 맞이하는 것보다 작은 이별을 미리 경험하는 편이 좋다고 합니다. 식물을 키우면 만나고, 돌보고, 정들고, 헤어지는 과정을 모두 겪을 수 있어요. 식물과 함께하는 생활은 자연스럽게 삶을 익힐 수 있는 시간이 될 거예요.

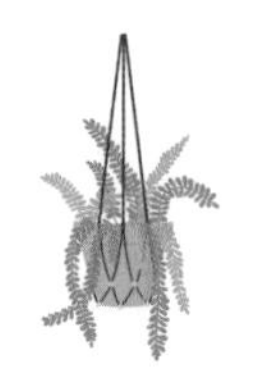

차 안에서 식물 키우기

현대자동차에서 운영하는 복합 문화공간 현대 모터 스튜디오라는 곳이 있습니다. 그곳에서 고객을 위한 클래스로 공기 정화 식물을 이용한 플랜테리어 강연과 실습을 부탁한 적이 있어요. 현대자동차 측에서는 차car에서 가드닝gardening을 한다는 의미로 '카드닝 클래스' 라는 이름을 붙여주었습니다.

저는 집 안에 식물을 가득 키워 미세먼지를 관리한 경험을 갖고 있습니다. 집의 미세먼지는 공기 정화 식물과 공기청정기로 해결할 수 있는데 차를 타고 이동할 때마다 곤란한 상황이 벌어졌습니다. 외부 미세먼지 농도가 높은 날은 순환 장치를 켜면 미세먼지 측정기의 수치가 빠르게 상승하는 것을 관찰할 수 있었기 때문입니다. 아마 저희 차의 공기 필터는 초미세먼지를 걸러낼 정도로 세밀하지 못한 것 같아요.

이동할 때는 외부 공기를 유입시키는 순환 장치를 끄고, 창문도 꼭꼭 닫습니다. 조금이라도 먼지를 덜 마시고 싶어 차량용 공기청정기를 가동해본 적도 있는데, 열심히 일하며 내는 소음이 만만치 않아 꺼려졌습니다.

차로 이동하는 시간까지 미세먼지를 신경 쓰는 건 너무 예민한가 싶기도 합니다. 그럴 수밖에 없는 게 초미세먼지 100μg/㎥이 넘는 날 1시간 바깥 활동은 1시간 30분 동안 자동차 배기가스에 노출되는 것과 같다고 합니다. 전문가들은 피할 수 있다면 피해야 한다는 견해입니다. 차 안에서 식물을 키워 미세먼지를 제거하는 방법을 고민하고 있던 참이라 카드닝 클래스 제의가 반가웠습니다.

정해진 시간 안에 해볼 수 있는 방법으로 마크라메를 이용한 벽걸이 플랜트를 제안했습니다. 앞 좌석 머리받침대에 식물을 걸어 키우면 운행에도, 타고 내리는 데에도 불편함 없을 것 같았습니다. 실을 꼬아 매듭을 지어 만드는 마크라메로 화분을 걸 수 있는 장식을 만들고 플라스틱 화분에 공기 정화 식물을 담아 장식에 넣은 다음 S자 고리로 걸 수 있도록 만들어보았습니다.

밀폐된 차에서 식물이 자랄 수 있는지 궁금하시죠? 테라리엄원예에서, 밀폐된 유리그릇이나 아가리가 작은 유리병 따위의 안에서 작은 식물을 재배하는 방법을 예로 들어볼 수 있을 것 같습니다. 식물이 자랄 수 있는 환경을 만들고, 유리 돔을 덮어 밀폐해 키우는 셈입니다. 그 안에서도 식물이 자라는 걸 관찰할 수 있어요. 온실이나 식물원에서도 식물이 자랍니다. 겨울에 추위가 걱정될 때는 밖에서 키우던 식물을 집으로 데리고 들어올 수 있어요.

차 안에서 식물을 키울 때는 안전성을 고려해 탄성이 있는 얇은 플라스틱 화분을 사용하는 편이 좋아 보입니다. 화분의 깊이는 깊은 쪽이 유리합니다. 움직이는 차 안에서 멈추거나 설 때 화분에 고여 있는 물이 넘치는 걸 막을 수 있기 때문입니다.

저면관수법을 이용하면 관리가 편합니다. 시중에서 판매하는 갈색 플라스틱 비닐 화분을 구멍이 없는 화분에 담습니다. 식물에 물을 주면 화분 바깥으로 흘러내릴 거예요. 그래도 구멍이 없는 화분이 물을 담고 있기 때문에 차 안으로 흘러넘치지 않습니다. 식물을 심은 화분의 아래쪽 끝이 물에 잠길 정도라면 식물 컨디션에 큰 문제가 생기지 않습니다. 식물이 남아 있는 물을 또 마실 거예요.

저면관수법으로 키우면 물이 흘러넘치거나 뚝뚝 떨어지지 않아 차 안에서도 식물 관리가 편합니다. 아이들과 외출하다 보면 먹다 남은 생수병이 차 안에서 종종 발견됩니다. 그 물을 식물에게 주면 마지막 한 방울까지 알뜰하게 쓸 수 있어요. 그 물을 마시고 잘 자라는 식물을 보는 것은 살아 있는 환경 교육입니다.

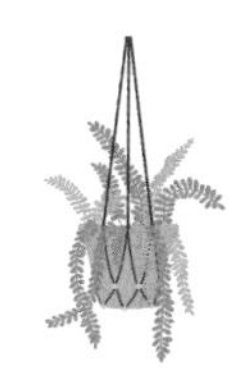

실컷 흙을 만지며 튼튼해지는 아이들

법정 스님의 《오두막 편지》를 읽다가 '땅이 우주의 기운을 받아들이는 일'이라는 표현을 만났습니다. 땅이 우주라니. '무슨 땅이 우주야…. 땅은 땅이고, 우주는 우주지'라고 읽었을지도 모르겠습니다. 하지만 지금은 고개를 주억거리며 읽습니다. 땅은 우주입니다.

2020년 성남시 농업기술센터 도시농업전문가 과정에서 《호미 한 자루 농법》으로 유명한 안철환 대표의 수업을 들은 적 있습니다. 대표는 당신을 '도시 농부 22년 차'라고 소개했습니다. 안산 땅 600평 중 200평은 회원들에게 임대하고, 나머지 400평을 호미 한 자루로 농사짓고 있다고 합니다. 호미는 앞이 뾰족하게 생긴 세모 날에 나무 손잡이가 있는 조그만 도구인데 그걸로 400평 땅을 메는 것이 가능한 일인가 싶었습니다.

다섯 평 주말농장을 분양받아 두 해 정도 농사를 지은 적이 있어요. 상추, 로메인, 루콜라, 쑥갓 같은 푸성귀는 잭의 콩나무처럼 하루가 다르게 자랐고, 이름 모를 풀의 씨앗도 함께 자라 심어둔 작물의 진입로를 막았습니다. 잡초는 바로 뽑아야 합니다. 풀을 뽑느라 땅에 쭈그려 앉아 밭일을 하자니 다섯 평짜리 땅이 바닷가 모래사장처럼 광활하게 느껴졌습니다.

30평 정도 됨직한 옥상 정원도 풀을 매려면 만만치 않았어요. 세 사람이 달려들어 반나절은 수고해야 해야 겨우 풀 좀 뽑았나 싶었습니다. 그런데 400평이라니, 그 큰 땅을 혼자 호미 한 자루로 농사를 짓는다니 대장부의 기개가 느껴졌습니다.

농사 좀 하는 사람들은 한낮에 호미질한다고 합니다. 새벽에는 이슬이 있어 힘들고 저녁에는 모기가 공격한다는 이유도 있지만, 해가 뜨거울 때 밭을 매면 작물 컨디션이 훨씬 더 좋다고 합니다. 얼마나 좋은지 느껴지기 때문에 한낮에 할 수밖에 없다고요. 그럴 만도 한 것이 강력한 천연 항생물질을 만드는 방선균은 섭씨 50~60도에서 가장 활발하게 활동합니다.

좋은 흙에는 살아 숨 쉬는 미생물들이 있고, 미생물들의 호흡이 좋은 땅을 만듭니다. 손으로 잡아보았을 때 보드랍고, 땅을 밟았을 때 폭신폭신한 땅에서는 좋은 향기가 풍겨요. 이런 땅에서는 작물도 잘 자랍니다. 흙을 가까이에 하고 살아야 한다는 어르신들의 말씀은 흙에 살고 있는 미생물들을 몸에 품으라는 의미가 있습니다.

안철환 대표는 대장을 흙에 비유합니다. 건강한 미생물이 많이 사는 흙이 좋은 흙인 것처럼, 대장에도 건강한 미생물이 많이 살아야 사람이 건강해진다고요. 대장 속 미생물은 거친 음식을 좋아하니,

기왕이면 섬유질이 많은 음식을 먹으라고 합니다.

주식으로 가루 음식은 좋지 않다고 말합니다. 밀과 옥수수를 심은 땅은 다음 해에 작물을 심을 수 없을 만큼 망가진다고 해요. 빵을 주식으로 하면 지구는 사막이 될 거라고 합니다. 하지만 콩과 쌀은 같은 땅에서 계속 농사를 지을 수 있다고 해요.

몸에 유익균이 많을수록 면역도 좋아지고, 기분에도 영향을 미칩니다. 우리 땅에는 우리 땅에 맞도록 진화해온 미생물이 있고, 서로 영향을 주고받으며 함께 살아갑니다. 그러니 아이들이 실컷 흙을 만지며 놀고, 가능한 한 우리 땅에서 생산한 농산물을 먹는 편이 좋습니다.

틈만 나면 산을 찾아 흙을 만지며 놀거나, 텃밭을 분양받아 함께 키우는 방법도 있습니다. 텃밭이 약간 부담스럽다면 집에서 작은 화분을 여러 개 키워도 좋습니다. 뒤에서 더 자세하게 이야기하겠지만 집에서 식물을 키울 때는 미생물 배양액인 EM용액을 활용하면 흙 속 유익균의 개체 수와 종류를 늘릴 수 있습니다.

이 책에서 제안하는 플레이Play 활동을 아이와 함께 진행하며 경험해보는 것도 권하고 싶어요. 식물이 살고 있는 곳이 곧 흙입니다. 식물을 많이 접하고 먹을수록 좋은 미생물을 자주 접하게 되는 셈입니다.

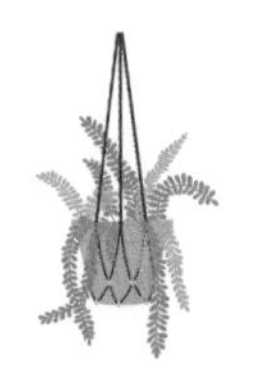

키우고 수확해 먹는 재미, 텃밭 : 주말농장, 옥상 텃밭, 베란다 텃밭

아이가 다섯 살 때쯤 아파트 근처의 텃밭을 분양받은 적 있어요. 유치원에서 아이와 아이의 형뻘인 조카를 함께 픽업해 바로 텃밭으로 가곤 했어요. 두 남자아이는 곡괭이, 삽을 들고 텃밭을 이리저리 뛰어다녔고 옷은 금세 흙투성이가 되었습니다. 그걸 들고 있는 모습을 사진으로 남겼는데, 지금도 가끔 꺼내 볼 만큼 기억에 남습니다.

아이와 같이 성남 모란시장에 가 쌈용 채소-비타민, 상추, 적상추, 바질, 로메인, 루콜라, 토마토, 깻잎 같은 채소 모종을 사다 심었어요. 모종은 이미 어느 정도 키워 나온 것이니 땅에 심으면 키가 쑥쑥 자랍니다. 모종을 밭에 심으면 씨앗이 움트는 걸 기다리는 조바심 나는 과정을 생략하고 바로 따 먹을 수 있다는 장점이 있어요.

로메인을 포함한 상추 종류는 아래쪽부터 잎을 따서 먹으면 한참 동안 먹을 수 있습니다. 모종 옆에 같은 식물의 씨앗을 뿌리면 모종을 먹는 동안 씨앗이 싹을 틔워 또 자랍니다. 좋아하는 채소는 모종과 씨앗을 함께 심으면 오랫동안 뜯어 먹을 수 있어요. 채소를 좋아하지 않는 아이들이라도 자기 손으로 키운 식물은 호기심이 생겨 먹게 됩니다.

주말농장을 계획한다면 아이들이 좋아하는 채소를 중심으로 먹을 만큼 키우는 편이 좋습니다. 저는 상추를 심고 두 해가 지나서야 가족이 상추를 그다지 좋아하지 않는다는 걸 알았어요. 그다음부터 상추는 심지 않고 깻잎을 더 심었습니다. 텃밭에선 의외로 저처럼 뭘 좋아하는지 모르고 일단 심고 보는 분들을 종종 만날 수 있습니다. 자주 먹고, 즐기는 채소를 심는 게 좋습니다.

2월은 주말농장 분양의 시기입니다. 지역별로 준비된 농업기술센터의 홈페이지에서 정보를 확인할 수 있고, 지자체에서 모집하는 텃밭도 인기가 좋습니다. 가격이 매력적이거든요. 경쟁률이 치열합니다. 놓쳤어도 기회는 또 있습니다. 가격이 조금 더 높긴 하지만 민간 주말농장 정보도 인터넷에서 쉽게 확인할 수 있어요.

건물이나 아파트 옥상도 텃밭으로 활용하면 쏠쏠합니다. 주택에 살 때는 옥상에 텃밭을 마련했어요. 회색 플라스틱 우유 상자를 구매해 흙이 빠져나가지 않도록 차양막을 잘라 화분 안쪽에 깔고 그 위에 흙을 담아 식물을 키웠습니다. 흙은 생각보다 무게가 있어 옥상에 텃밭을 만들 때는 하중에 신경을 써야 합니다. 차양막은 물이 잘 빠져 흙이 보송보송해 좋았습니다.

깊이 30센티미터 정도의 회색 플라스틱 우유 상자 화분에는 토마토를 심고, 깊이 10센티미터 정도 얕은 우유 상자 화분엔 루콜라, 로

메인, 달래, 고수, 깻잎, 딸기를 심었어요. 채소류는 흙의 깊이가 10센티미터 정도 되면 자랄 수 있어요. 토마토나 블루베리 같은 식물은 적어도 흙의 깊이가 30센티미터 정도는 되어야 합니다.

베란다에서도 텃밭을 만들 수 있어요. 플라스틱 우유 상자를 이용해도 좋고, 화분을 사용해도 됩니다. 처음 채소를 길러본다면 갖고 있는 화분에 모종을 심어 키워도 좋습니다. 관리가 쉬워야 더 친해지고, 친해져야 더 잘 기를 수 있게 되니까요.

화분이 없어도 식물을 길러볼 수 있습니다. '우리 강산 프로개 프로개' 님의 블로그에서 본 이야기입니다. 분갈이용 상토 비닐봉지에 칼집을 낸 다음 고구마 모종 혹은 고구마 순을 심고 해가 잘 드는 곳에서 하루 2리터씩 물을 주고, 한 달에 한 번 주기로 칼륨 비료 2티스푼을 2리터 물에 희석해 만든 비료를 주며 6개월쯤 지나면 마술처럼 고구마가 열리는 것을 관찰할 수 있다고 합니다. 고구마 줄기는 잘라 나물로 볶아 먹습니다. 베란다 텃밭에 빛이 조금 부족하다면 LED 등을 설치해주어도 좋습니다.

식물을 키우면 키울수록 아이 키우는 것과 비슷하다고 느껴요. 뿌리를 튼튼하게 내린 식물이 쑥쑥 자라거든요. 아이도 마음의 뿌리를 깊게 내렸을 때 튼튼하게 자랍니다.

Play 4. 텃밭 배치도 그리기

텃밭에 무엇을 심을지 미리 그려보세요. 아이들과 함께 좋아하는 채소를 정하고, 동서남북 방향을 고려해 배치도를 그려봅니다. 남쪽엔 키가 작은 채소를, 북쪽엔 옥수수같이 키가 크게 자라는 식물을 심어주면 햇빛을 골고루 받아 사이좋게 잘 자랄 거예요.
아이들과 함께 씨앗과 모종을 구매하고, 함께 땅에 심고, 함께 물을 주며 키워보세요. 작물 중간중간 마리골드나 라벤더, 로즈메리 같은 방충 식물을 함께 심으면 해충도 쫓고 보기에도 아름답습니다.

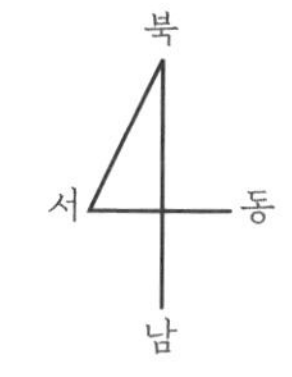
북
서
동
남

이른 봄 2~3월

Eat 1. 당근 잼 만들기

당근은 너무 달콤해서 먹을 때마다 진짜 채소인지 의아하지만, 많이 먹을수록 이로운 식재료입니다. 마침 이른 봄은 제주 당근이 아주 맛있는 계절이에요. 양배추 칼이나 감자 칼로 당근을 얇게 썰어서 오븐에 살짝 구워 먹기도 하고, 긴 막대기 형태로 잘라 스낵처럼 먹기도 합니다.
당근은 익힐수록 소화흡수율이 높아지는 대표적인 채소라 익혀 먹는 편이 좋습니다. 혹시 당근을 좋아하지 않는 아이들이 있다면 잼으로 만들어보면 어떨까요? 아이들과 함께 할 수 있을 만큼 아주 쉬운 레시피를 소개할게요. 《식물과 함께 놀자》라는 책에서 발견한 당근 잼 레시피를 수정했습니다.

준비물

당근 200g, 사과 1개, 레몬 ½개, 설탕 200g,
시나몬 1자밤, 바닐라 에센스 2방울

1. 아이들이 손으로 잡을 수 있도록 당근을 세로로 사 등분 하고, 강판으로 갑니다.
2. 껍질을 벗긴 사과를 잘라 강판으로 갈아줍니다.
3. 설탕과 당근, 사과, 레몬즙을 한데 넣고 약한 불에서 졸입니다. 냄비 바닥에 눌어붙지 않도록 나무 주걱으로 저어주세요.
4. 당근 잼에 시나몬 한 자밤과 바닐라 에센스 2방울 넣어줍니다. 풍미가 좋아질 거예요.

우리가 만든 첫 당근 잼의 사진을 찍어 주세요.
당근 잼, 맛이 어땠는지 말해 줄 수 있나요?

봄 3~4월

Eat 2. 쑥국 만들기

아들이 33개월 될 때까지 시부모님 댁에서 함께 살았습니다. 요리를 좋아하시는 할머니는 손자 먹거리를 살뜰하게 챙기셨어요. 함께 살며 많은 요리를 해주셨지만, 저는 쑥국이 가장 기억에 남습니다. 이른 봄이 되면 저도 어린 쑥을 챙겨 아들에게 국을 끓여줍니다.

쑥은 인터넷 쇼핑몰의 새벽배송을 이용합니다. 차가 많이 다니는 길가에서 채취한 쑥은 사용하지 않는 편이 좋습니다. 토양이 오염되어 있을 가능성이 크기 때문입니다. 아이와 함께 산에 올랐을 때, 쑥의 모양을 확인하고 향기와 맛을 경험해보세요. 오래오래 기억에 남을 거예요. 숲에서 캔 쑥은 안전하지만, 임산물 채취는 법으로 금지되어 있으니 권하긴 어렵습니다.

준비물

멸치 한 줌(10~15마리 정도), 물 1리터, 맛술(미림) 1큰술,
된장 1큰술, 소금 약간, 쑥 200g, 곱게 간 들깻가루 1큰술

1. 멸치의 머리와 내장을 제거합니다. 아이와 함께할 때는 멸치를 넉넉하게 준비해 먹으며 할 수 있도록 도와주세요. 멸치는 칼슘이 풍부한 식재료입니다.
2. 냄비에 멸치를 넣고 먼저 볶습니다. 비린내가 사라지면 준비한 물 1리터를 붓습니다.
3. 멸치육수가 끓기 시작하면 맛술 1숟가락을 넣습니다.
4. 육수에 된장 1숟가락을 넣어 풀고, 소금으로 간을 맞춥니다.
5. 쑥과 곱게 간 들깻가루를 넣고 한소끔 끓인 다음 불을 끄면 완성입니다.

이른 봄, 우리가 함께 먹은 쑥국 사진을 찍어주세요.
쑥국, 맛이 어땠는지 말해 줄 수 있나요?

봄 3~4월

Eat 3. 진달래 화전 만들기

한식조리기능사 자격증에 도전한 적이 있습니다. 실기 시험 과제에 화전이 있어 그때 만드는 법을 배웠어요. 기름을 넉넉하게 두른 프라이팬에 지지듯 구우면 뻣뻣한 찹쌀 반죽이 보들보들해져요. 그 위에 대추와 쑥갓을 올려 꽃 모양을 만듭니다. 안 해본 요리를 배우는 재미있는 경험이었어요.
봄에 아이와 함께 산책로에 떨어진 진달래를 주워보세요. 찹쌀 반죽 위에 진달래를 얹어 구우면 음식이 이렇게 아름다울 수도 있나 감탄하게 됩니다. 파는 곳이 없어 먹어보기 힘든 음식이지만 만들기는 어렵지 않으니 직접 도전해보세요.

준비물

찹쌀가루 3컵(2인분 정도), 따뜻한 물 1 ½큰술, 소금 2작 술,
진달래꽃 20장, 꿀 적당량, 식용유(현미유 추천)

* 컵 단위: 한식=200ml / 양식 250ml

1. 찹쌀가루에 뜨거운 물을 조금씩 부어가며 반죽을 치대줍니다. 많이 치댈수록 부드러워져요. 찹쌀 반죽을 치대는 건 아이에게도 즐거운 놀이가 됩니다. 함께 해보세요.
2. 진달래는 소독을 위해 식초를 푼 물에 담가 씻은 다음 꽃술을 떼고, 키친타월에 얹어 물기를 제거합니다.
3. 반죽을 동그랗게 떼어낸 다음 지름 5cm, 두께 0.5cm의 납작한 원반으로 만들어주세요. 찹쌀가루 3컵이면 18개 내외의 화전이 나옵니다. 아이가 스스로 해볼 수 있게 도와주세요.
4. 프라이팬에 식용유를 넉넉하게 두르고, 약한 불에서 익혀줍니다. 불이 세면 타거나 딱딱해집니다. 아랫면이 익으면 뒤집어 진

달래꽃을 붙이고, 다른 면을 익힙니다. 현미유는 옛날 방식으로 눌러 짜는 압착 기름이라 어린이용 음식에는 현미유를 권하고 싶어요.

5. 다 익으면 꿀을 찍어 먹어요.

진달래 화전의 사진을 찍어 주세요.

여름 식물과 함께 먹고 놀고 사랑하며 보내는 여름

오래오래 같이 살아가는 실내 식물 관리법

늦봄부터 초여름까지 나날이 푸르러지는 숲도, 적당하게 더운 날씨도 무척 아름답지요. 식물과 함께하는 초록생활을 즐기기 참 좋은 시기입니다. 장마 전까지 식물들은 실내외 모두에서 잘 자라는 편입니다. 봄에 고심해서 데려온 식물들은 어떻게 지내고 있나요?

실내에서 식물을 잘 키우려면 어떻게 해야 할까요? 베란다에서 키우는 식물들은 외부와 똑같이 키우면 됩니다. 급수 호스에 스프레이 헤드를 끼워 잎부터 뿌리까지 물을 실컷 주고 바깥 창문을 열어둡니다. 그러면 알아서 화분에 물이 빠지고, 바람이 드나들며 화분의 흙도 잘 말라요. 만약 공기 정화의 효과를 기대한다면, 여름이라도 화분을 실내로 들여놓는 편이 좋습니다. 날씨가 더울 때는 에어컨을 켜느라, 추울 때는 난방하느라 안쪽 창을 닫고 지내니까요.

실내 식물에 물을 줄 때는 물뿌리개를 이용해 화분의 흙에 관수하세요. 주의할 점은 흙이 축축한 것보단 마른 편이 낫다는 사실입니다. 실내에는 바람이 없으므로 흙이 마르는 속도가 더딥니다. 흙이

축축하면 뿌리가 호흡하지 못해 식물 컨디션이 나빠집니다. 차라리 뿌리 쪽은 건조하게, 잎은 촉촉하게 관리하는 편이 좋아요. 잎이 촉촉할 때 광합성 작용이 더욱 활발하기 때문입니다. 분무기를 이용해 잎에 주기적으로 수분을 공급해주면 되는데요, 이때 입자가 굵은 스프레이를 사용하면 물방울이 마루로 떨어집니다. 그러면 또 마루가 손상돼요. 꽃꽂이용 안개 스프레이를 활용하면 도움이 됩니다.

물 주는 주기가 같은 식물끼리 모아서 키워주세요. 식물도 우리처럼 모여 있을 때 생장에 도움이 되는 물질을 서로 주고받으며 생육 상태가 더 좋아집니다. 만약 세 개의 식물을 키우고 있다면 한 개 한 개 한 개 따로 놓는 것보다 세 개를 한데 모아 키워주세요. 컨디션이 훨씬 좋아지는 것을 관찰할 수 있습니다.

직사광이 들지 않는데 식물을 키울 수 있냐는 질문도 많이 받습니다. 사과같이 열매를 맺거나 장미같이 꽃을 피우는 식물은 에너지를 많이 필요로 해요. 강한 햇빛이 있어야 합니다. 하지만 대부분 공기 정화 식물인 관엽식물은 밝은 빛 정도라면 얼마든지 생명을 유지할 수 있어요. 창가에서 햇빛과 바람을 쐬면 건강하게 잘 자랍니다.

식물에게 햇빛과 물도 중요하지만 바람을 꼭 기억해두세요. 식물에게 바람은 운동입니다. 바람이 불지 않는 곳에서는 식물의 줄기가 점점 가늘어지며 힘이 약해져요. 온실이나 식물원을 방문하면 큰 선풍기가 식물을 향해 바람을 일으키고 있는 걸 관찰할 수 있어요. 실내에서도 선풍기나 서큘레이터로 바람을 만들어주는 편이 좋습니다. 여름뿐 아니라 겨울철에도 가끔 틀어주세요.

혹시 비실비실한 식물이 있다면 봄부터 가을까지 실외에서 키워보세요. 햇빛과 비와 바람을 실컷 경험한 식물은 전지 훈련을 마치고 돌아온 운동선수처럼 몰라보게 튼튼해집니다.

식물처럼 아이들도 밖에서 해와 바람과 비를 맞으며 자라는 게 좋다는 사실을 알게 되었습니다. 햇빛은 비타민 D를 만들어 칼슘의 흡수를 돕고 골밀도를 높여줍니다, 성장기에 꼭 필요한 비타민입니다.

비는 무조건 피해야 하는 것으로 알고 있었는데, 가끔은 비를 맞아도 좋을 것 같아요. 사람이 가장 자유롭게 느끼는 순간 중 하나는 비를 맞으며 달릴 때라고 합니다. 아이들이 틈만 나면 햇볕을 쬐고, 바람을 마시며 실컷 뛰어놀게 도와주세요. 건강은 우리가 꼭 지켜야 할 가장 소중한 자원입니다.

물 잘 주려면 기억해두어야 할 네 가지

화분에 물 주는 것, 막상 해보면 쉽지 않죠? 식물은 말을 하지 않으니 물이 필요한지 아닌지 알기도 어렵고, 뿌리는 흙 속에 담겨 잘 보이지도 않아요. 그럴 때 좋은 방법이 있어요. 나무젓가락을 흙에 넣어 화분 중간까지 찔러보세요. 푹 찌르면 뿌리가 다칠 수 있으니 조심스럽게 찔러봅니다.

나무젓가락에 흙이 묻어 나오면 습기가 남아 있다는 의미입니다. 그때는 물을 주지 말고, 흙이 묻어 나오지 않을 때 충분히 관수해주세요. 화분의 흙에 따라, 상태에 따라 조금씩 다르긴 하지만 지름 10센티미터 내외의 작은 화분은 200밀리리터 정도, 지름 20센티 내외의 화분은 500밀리리터, 지름 30센티 내외의 화분은 1리터 정도 기준으로 삼으면 화분 받침대에 넘치지 않는 정도로 관수할 수 있을 거예요.

그럼 물 줄 때마다 나무젓가락을 이용해야 할까요? 아마 몇 번 경험하면 '이 정도면 물을 줘야겠다' '아직 아니다' 하는 느낌이 올 거예요. 조금 더 익숙해지면 흙을 손으로 만져만 봐도 알 수 있습니다.

화분에 물을 줄 때는 가장자리에서 스며들게 주는 편이 좋습니다. 뿌리는 원뿌리, 곁뿌리, 실뿌리로 구성됩니다. 원뿌리는 상층부를 지지하는 기둥 역할을 하고, 곁뿌리는 지지대 역할에 영양분과 물을 흡수합니다. 실질적으로 흙 속 영양분과 수분을 흡수하는 건 실뿌리입니다. 실뿌리는 흙 속에서 물을 찾아 뻗어나갑니다.

보통 화분에 물을 주면 중앙부 쪽으로 몰려 원뿌리, 곁뿌리가 대충 마시고 실뿌리를 키우지 않습니다. 가장자리에 물을 주려면 어떻게 해야 할까요? 물뿌리개로 가장자리에만 물을 주는 방법도 있습니다. 그런데 시간이 오래 걸립니다. 물이 가득한 물뿌리개는 생각보다 무거워 어깨에 부담을 줍니다. 그럴 땐 식물이 심긴 화분 중심부를 두꺼비집처럼 살짝 돋워주는 방법도 있습니다. 중심부 높이가 높으니 물이 저절로 가장자리로 흘러 들어갑니다.

식재료 씻은 물을 화분에 주는 방법도 좋습니다. 고기 핏물을 우린 물, 차 우린 물, 우유를 헹군 물, 쌀뜨물 다 좋습니다. 유튜버 밀라논나 선생은《햇빛은 찬란하고 인생은 아름다우니까요》에서 버려진 식물을 데려와 식재료 씻은 물을 화분에 주며 40년 넘게 함께한 이야기를 들려줍니다.

식재료 씻은 물을 화분에 줄 때는 신선할 때 바로 흙에 관수해야 한다는 점을 기억해주세요. 영양소가 많은 물은 세균과 박테리아도 금세 번식해요. 상한 물을 식물에게 주면 악취가 나고 뿌리를 썩게

할 수 있습니다.

마지막으로 EM용액 사용을 적극적으로 추천합니다. EM용액은 미생물 배양액이에요. 초록마을이나 두레생협 같은 친환경용품점에서 구할 수 있고, 동사무소나 구청에서는 무료로 배포합니다. 두 가지가 다른 점은 균의 종류와 가짓수예요. 동사무소나 구청에서 배포하는 건 균의 종류가 적은 희석액이고, 친환경용품점에서 판매하는 건 균의 종류가 더 다양한 농축액이라 사용할 때마다 희석해야 합니다.

EM용액을 사용하면 흙에 다양한 종류의 미생물이 살게 됩니다. 미생물이 호흡하며 몸에 이로운 물질을 만들어내고, 흙도 점점 건강해집니다. EM 용액은 발효 과정에서 막걸리처럼 산도가 느껴지는데, 물에 섞어 사용하면 벌레알의 표면을 녹여 해충의 번식도 줄여줍니다.

저는 두레생협에서 구매한 '애미'라는 제품을 1리터 물에 2밀리미터 비율로 희석해 사용합니다. 식물 잎에 뿌려주면 생장에도 도움을 줍니다. EM용액이 옷에 묻거나 가구에 배면 잘 지워지지 않으니 주의가 필요해요.

식물도 가끔 이발해주세요

봄부터 장마 전까지 식물은 신나게 자랍니다. 무성하게 자란 잎과 줄기를 보면 괜히 뿌듯합니다. 뭔가 능력 있는 사람이 된 것 같은 느낌이 들게 해주거든요.

정서적 만족감과 달리 식물에게는 잎이 무성한 게 좋지만은 않습니다. 잎이 너무 많으면 식물이 꼭 필요한 곳에 에너지를 사용하지 못해요. 가지 사이사이로 공기가 흐르지 않아 균이 잘 번식합니다. 잎에 해충도 보일 수 있어요. 가지가 너무 빼곡하면 햇빛이 통하지 않아 광합성에 필요한 일조량을 충분히 확보하기 어려워집니다. 그래서 식물의 가지와 잎을 잘라 솎아주어야 해요.

플랜테리어 실습을 하며 식물을 잘라주어야 한다고 안내하면 사람들은 마치 식물의 팔다리를 자르라는 말을 들은 것처럼 얼굴을 찌푸리고 몸서리를 칩니다. 가위를 들고 식물 앞에 서서 이러지도 저러지도 못하는 사람들을 종종 만날 수 있어요.

식물의 잎과 줄기는 머리카락이라고 생각하셔도 됩니다. 머리카락을 자르지 않으면 어떻게 되나요? 제멋대로 자라 길어지면 보기에 지저분하고 관리도 어렵고, 감당할 수 없을 정도가 되면 머릿니 같은 벌레가 생기기도 하죠. 그래서 우린 정기적으로 머리카락을 자르고 다듬습니다. 아름다움의 목적도 있고요. 식물도 같은 이유로 다듬으며 키워주는 편이 좋습니다.

스프링 골풀Juncus decipiens이라는 식물은 마치 파마한 머리카락처럼 꼬불꼬불하게 자라요. 새로 난 잎일수록 용수철처럼 강한 웨이브를 자랑합니다. 오래된 잎은 직선에 가깝게 변해요. 길게 자란 골풀 잎을 이발하듯 잘라 다듬어주면 안쪽에서 곱슬곱슬한 새잎을 더 빽빽하게 틔워냅니다.

스파티필룸은 잎 중간을 흰머리 자르듯 가위로 잘라주고, 벤저민 고무나무나 녹보수, 해피트리 같은 식물은 가지 맨 끝 잎에서부터 거꾸로 세 장에서 다섯 장 정도 잘라줍니다. 바람길이 생겨 통풍이 잘 되어요. 아레카야자는 옆으로 누워 있는 잎부터 정리해주는 편이 좋습니다.

식물을 이발하는 것은 머리카락을 자르는 것과 비슷합니다. 화분을 360도로 돌리면서 전체적인 모양을 점검하며, 어떻게 자르면 좋을지 윤곽을 잡아봅니다. 나무 사이사이에 잔가지가 말라붙어 있으면 회생할 가능성이 거의 없으니 머리숱을 솎아내는 것처럼 정리합니다. 굵은 가지를 자르는 것은 쇼트커트처럼 인상을 180도 바꾸니 신중해야 합니다.

잘라낸 잎은 휴지통에 버리는 대신 예쁜 화병에 담아 초록을 즐겨 보세요. 식물마다 조금씩 다르기는 하지만 아레카야자나 필로덴드론 셀로움 같은 식물은 잘라낸 가지를 물에 꽂아두기만 해도 몇 개월 동안 싱싱하게 살아 있습니다. 아쉽지만 뿌리를 내리진 않아요.

간혹 고무나무나 해피트리처럼 생장점이 있는 식물은 뿌리가 나오기도 합니다. 그럼 흙에 심어주세요. 또 나무로 자랄 거예요.

식물도 잎이나 가지를 솎아 공기가 통하게 해주는 게 중요한 것처럼 우리가 사는 공간도 그렇습니다. 청소하다 보면 유난히 먼지가 많이 쌓인 곳이 있을 거예요. 공기가 정체되어 있기 때문입니다. 그런 공간엔 곰팡이나 세균이 번식하고, 해충도 그런 공간을 좋아합니다. 먼지가 자주 쌓이는 공간에 식물을 키워보세요. 벽과 벽이 만나는 모서리 공간, 벽과 바닥이 만나는 곳에 식물을 키우면 먼지가 놀랄 만큼 사라집니다.

매일 오전 시간에 하루 1시간 정도 환기를 해주면 건강에도, 풍수에도 좋습니다. 집 안의 고인 공기를 집 밖의 신선한 공기로 바꿔 주니까요. 물론 미세먼지가 많은 날은 예외로 합니다.

Play 5. 식물 이발하기 전과 이발한 후 사진을 찍어주세요!

미용실에 가기 힘들어하는 아이들이 있다면 식물의 잎을 잘라주며 함께 이야기를 나눠보면 어떨까요? 직접 해보는 일에는 마음이 후해집니다. 좋아하지 않는 재료라도 직접 만든 음식은 맛있게 먹는 것처럼요.

아이들도 왜 머리카락을 잘라야 하는지 이해하면 더 이상 어려워하지 않을 거예요. 잘라낸 잎의 면적이 전체의 20% 미만이라면 식물 생명에 영향을 미치지 않으니 마음 놓고 아이와 함께 해보셔도 좋습니다.

이발 전

이발 후

「 」

벌레를 만났을 땐

식물을 키우다 보면 벌레를 만납니다. 너무 걱정하지 마세요. 벌레 없이 식물을 키우는 방법도 있습니다.

먼저 잎에 생기는 벌레들 알아볼게요. 가지와 잎에 솜이 붙은 것처럼 하얗게 끼는 솜깍지벌레, 거북이처럼 생긴 벌레들이 잎에 다닥다닥 붙어 있는 깍지벌레, 아주 흐릿한 거미줄을 치는 응애, 까맣고 작은 총채벌레, 오동통 살이 찌는 진딧물이 있습니다. 이 벌레들은 식물을 괴롭히지만 사람에게는 해가 없다고 해요.

잎에 생기는 벌레를 제거하는 가장 좋은 방법은 물리적인 힘을 이용하는 것입니다. 센 물줄기로 잎을 자주 씻거나 벌레가 보일 때마다 손으로 잡는 방법이 있습니다. 환경에도 사람에게도 제일 무해한 방법입니다. 잎에 쌓인 먼지도 함께 사라지니 빛 투과율이 높아져 광합성 작용이 활발해집니다.

물로 씻어주는 게 여의치 않을 때는 어떻게 해야 할까요? 베란다나 욕실로 화분을 옮겨 씻어주는 방법도 있지만, 무거운 화분을 옮

기다 보면 이렇게까지 해야 하나 하는 생각이 들기도 합니다. 아무리 좋아서 하는 일이라도 피로도가 높아지면 그 마음이 희미해질 수 있어요.

이럴 때는 장갑을 이용해보세요. 양손에 장갑을 낀 다음 2리터 양동이에 주방세제를 한 번 펌프질하는 양의 절반 정도를 넣고 희석해주세요. 그 물에 손을 넣어 장갑을 적신 다음 식물의 잎을 앞뒤로 닦아줍니다. 작업 속도가 아주 빠릅니다. 물에 주방세제를 푸는 이유는 주방세제 속 계면활성제 성분이 벌레가 나뭇잎에 달라붙는 걸 방해하기 때문입니다. 다 사용한 장갑은 세탁한 다음 또 사용합니다. 그것도 번거로울 때는 양말을 사용해도 좋아요. 구멍이 나거나 닳은 양말을 모아두었다 장갑인 셈 치고 손에 끼워 쓰고 그대로 종량제 봉투에 넣어 버립니다. 관리에 들어가는 절차를 하나 줄일 수 있고, 환경을 아끼는 데 이바지한 뿌듯함이 느껴집니다. 아이들과 함께 해보세요. 생생한 환경 교육이 될 거예요.

뿌리에 사는 벌레를 줄이는 데는 EM용액을 사용해보세요. 새로 사 온 화분은 EM용액의 농도를 물 1리터에 4밀리미터 정도 희석해 흠뻑 적셔줍니다. 그리마 등의 벌레가 화분 물받이에 떨어져 있는 걸 관찰한 적 있어요. 화분 근처에 맥주를 담은 그릇을 두면 맥주를 실컷 마신 민달팽이를 만날 수 있습니다. 그대로 양변기에 넣고 물을 내리면 말끔합니다.

고온다습한 장마철에는 벌레가 갑자기 많아지기도 합니다. 벌레를 제거하는 속도보다 벌레의 번식 속도가 빠르니 식물을 살리기 위해 살충제를 사용하는 편이 좋습니다.

뿌리에 사는 벌레 중 아주 고약한 벌레로 작은뿌리파리가 있습니다. 말 그대로 작고 까만 파리인데, 식물의 뿌리만 먹습니다. 애벌레의 식욕이 얼마나 왕성한지 순식간에 뿌리를 다 먹어치웁니다. 벌레가 날아다녀 식물을 들어보면 뿌리가 사라진 식물이 훌러덩 뽑혀요. 이 벌레는 습한 흙을 좋아해 순식간에 창궐하는 경향이 있습니다. 그래서 살충제를 써야 합니다. '빅키드'가 잘 듣습니다. 농약을 파는 곳에서 구매할 수 있어요.

그 밖의 벌레 대부분은 홈키파 같은 가정용 살충제로 박멸할 수 있습니다. 살충제를 사용했을 때는 창문을 열어 충분히 환기해야 합니다. 약국에서 구매할 수 있는 비오킬도 잘 듣는 살충제입니다. 약제가 잎에 남아 있으면 유분기 때문에 햇볕에 그을리듯 화상을 입는 경우가 있으니 주의해서 관찰하세요.

건강한 식물에는 병이나 벌레가 생기지 않습니다. 깍지벌레가 계속 괴롭히던 해피트리를 잎을 모두 제거해 까까머리를 해준 적 있어요. 해피트리는 생명력이 강한 식물이라 봄이 되면 다시 새잎이 팝콘처럼 터져 나옵니다. 봄이 되었는데 감감무소식이라 잔가지를 꺾어보았더니 바짝 말라 있었어요. 안타까워하며 포기하는 마음으로 마당에 내놓았는데, 기적같이 되살아났고, 그다음부터는 벌레가 생기지 않습니다.

200여 개의 식물과 24시간 5년 정도 함께 살며 바퀴벌레나 개미 때문에 고생한 적 없으니, 식물에 생기는 벌레 때문에 반려식물과 함께 살기 망설여진다면 너무 걱정하지 않아도 될 것 같아요.

'돈벌레'라 불리는 그리마 때문에 깜짝깜짝 놀란 적은 있습니다. 다리가 많은 그리마는 징그럽게 느껴지지만, 알고 보면 바퀴벌레와 개미의 알을 먹어 치우는 익충입니다. 그 사실을 알게 된 다음부터는 그리마를 볼 때마다 사물을 겉모습으로 판단하지 않아야겠다고 생각합니다.

곤충은 독성이 있는 종류가 아니라면 아이들에게 탐색할 기회를 충분히 주어도 좋습니다. 자연 속에서는 식물, 벌레, 동물, 사람이 균형을 이루며 함께 살아갑니다.

힘든 장마철, 식물 힘내라!

식물이 가장 힘들어하는 시기를 꼽으라면 장마철입니다. 실내 식물, 실외 식물 할 것 없이 장마철을 가장 힘들어합니다. 생각해보면 사람에게도 장마는 무척 힘든 것 같아요. 비가 줄기차게 내려 습도가 높고, 온도도 높으니 벌레도 많고요. 집 안 구석구석 곰팡이가 확 올라옵니다. 영화《리틀 포레스트》속에서 주인공이 나무 주걱에 핀 곰팡이를 만났을 때, 목에 수건을 두르고 난로에 장작을 넣고 부채로 바람을 일으키며 불을 지피던 장면이 떠오릅니다.

장마철에는 물을 줄이는 편이 좋습니다. 장마철 실내 식물 잎끝을 보면 물방울들이 대롱대롱 맺혀 있는 모습을 관찰할 수 있습니다. 모양은 이슬과 비슷하지만, 다릅니다. '일액현상'이라고 하는데요. 흙에 수분이 풍부하고, 대기 중 습도가 높을 때 식물 속 물관액의 유출물이 방울을 만드는 것으로 식물의 수분, 미네랄, 단백질 등을 포함하고 있습니다. 이슬은 대기 중의 수분이 모여 식물 표면에 부착되는 것입니다. 그래도 잎끝의 물방울을 보면 숲속에 온 듯 낭만적인

기분을 느낄 수 있어요. 아이들에게도 꼭 보여주세요. 섬세하게 관찰하는 눈을 길러줄 거예요.

습도가 높을 땐 간혹 줄기가 무르는 식물이 보입니다. 제가 키운 식물 중에는 팔손이가 두 번 그랬고, 마지나타도 한 번 있었습니다. 무른 식물은 다시 돌아오지 않으니 바로 정리해주는 편이 좋습니다. 무른 본 가지는 살려낼 수 없지만, 곁에 솟아 있는 어린 가지는 잘라 컵이나 음료수병에 물꽂이해 보세요. 아이도 충분히 할 수 있으니 도와주면 어떨까요? 작은 가지는 다시 뿌리를 내리며 자랄 가능성이 매우 큽니다. 자라는 뿌리를 지켜보는 것 또한 큰 에너지를 줍니다. 아이가 자주 보는 곳에 놓아주세요.

실내 식물이라면 장마철 힘들어할 때 선풍기나 서큘레이터를 24시간 동안 틀어주면 시들시들하던 상태가 나아집니다. 생명을 유지할 수 있어요.

화분의 흙에서 곰팡이가 보이면 약국에서 판매하는 3% 농도의 과산화수소를 부어 소독해주면 됩니다. 과산화수소는 균이나 박테리아를 살균하고, 식물엔 산소 작용으로 성장을 도와주는 기능을 합니다. 과산화수소의 분자가 물과 매우 흡사하기 때문입니다.

과산화수소가 없다면 '락스'로 잘 알려진 염소계 표백제의 희석액을 사용하셔도 됩니다. 여름철 꽃꽂이를 위해 물통에 가지째 꺾은 꽃을 담으면 박테리아가 순식간에 번식해 물 색상이 금세 혼탁해지는 걸 관찰할 수 있습니다. 물을 바꿔준 다음 염소계 표백제 한 방울을 떨어뜨려 주면 꽃 수명이 길어집니다. 꽃의 상태에는 아무런 영향을 끼치지 않습니다.

화분 흙에도 1리터에 한 방울 떨어뜨린 희석액을 써본 적이 있는데, 식물의 생명에는 영향을 주지 않는 걸 확인할 수 있었습니다. 곰팡이도 사라지고 벌레도 사라집니다.

장마철에는 화분 흙 위에 버섯이 피기도 합니다. 혹시 독성이 있을지도 모르니 바로 제거해주는 편이 좋습니다. 버섯의 포자가 공기 중에 날아다니지 않도록 비닐봉지에 넣고 조심스럽게 뽑아 양변기에 넣은 다음 물을 내립니다. 버섯을 그냥 두면 순식간에 다른 화분으로 번식할 수 있습니다. 버섯이 자라면 식물이 먹어야 할 흙 속 영양분을 다 빼앗아 먹으니 보자마자 뽑아주세요.

에어컨 바람이 바로 닿는 곳에 위치한 식물은 자리를 옮겨주는 편이 좋습니다. 여의치 않다면 에어컨을 틀 때 식물에 비닐봉지를 씌워주거나, 보자기같이 얇은 천으로 바람을 한 번 차단해주는 편이 좋습니다.

장마철은 아무리 애써도 생명이 떠날 수 있다는 것을 경험하는 시간이 되기도 합니다. 또 무른 가지에서 분리한 가지가 뿌리를 내리며 자라는 걸 보면 어떻게든 생명을 키워내려는 숭고한 노력에 마음이 울립니다.

모기 쫓는 식물들

세상에 가장 듣기 싫은 소리 중 하나를 꼽으라면 모깃소리가 첫 번째 아닐까요? 새벽 3, 4시 사이 귓가에 애앵 하는 소리를 들으면 한 줄기 소리에도 잠이 번쩍 깹니다. 어떤 사람은 모기에 뜯겨도 크게 부풀어 오르지 않지만 어떤 사람은 모기에게 공격당하면 팔다리의 굵기가 2배가 될 정도로 부어오르기도 합니다. 하필 그게 우리 아이라면 모기에 대한 분노가 하늘을 찌릅니다.

모기 알레르기가 없는 사람은 그 괴로움을 알지 못합니다. 한번 물리면 피부가 저릿저릿 아프며 부풀어 오르기 시작해 피부가 터지기 직전의 풍선처럼 늘어나서 아프면서도 가렵습니다. 그 부위에 손톱이 한번 잘못 지나가면 약해진 살갗이 터져 진물이 흐르는데, 이쯤 되면 실낱같이 가늘게 이어지던 모기에 대한 생명 존중의 마음 한 가닥마저 깨끗하게 사라지고 윙 소리에 눈을 부라리게 됩니다. 아이들에게 그런 일이 발생하면 엄마는 강시처럼 벌떡 일어나 모기를 때려잡게 되지요.

모기를 쫓는 식물로 모기의 진입을 차단하는 방법도 있습니다.

2018년 늦여름 마당 정원을 리모델링하며 집 가장자리를 따라 지피식물로 맥문동을 심었어요. 그다음부터는 여름이 와도 모기 걱정을 하지 않을 만큼 개체 수가 확 줄었습니다. 혹시 맥문동 덕분인가 했는데, 강연장에서 만난 어르신께서도 맥문동을 심으면 모기가 없어진다고 삶의 지혜를 나누어주셨습니다.

맥문동은 잎이 포물선을 그리는 형태로 30센티 높이로 자라며, 사계절 푸름을 보여줍니다. 여름이면 보라색 꽃을 피우고, 가을이면 흑진주 같은 까만 열매를 맺는데, 이 동글동글한 씨앗을 받아 심으면 개체 수를 늘릴 수 있어요. 뿌리는 땅콩 모양으로 자랍니다. 뿌리는 말려서 달여 먹으면 호흡기를 강화해주고 진해거담제로 쓰이는 한약재가 됩니다.

맥문동은 미국 항공우주국이 발표한 공기 정화 식물이기도 합니다. 어두운 곳에서도 잘 자라는 음지식물이라 빛이 다소 부족한 집 안에서도 잘 자랍니다. 우리나라에 자생하고 있어 키우기 쉽고 가격도 저렴합니다. 수경재배가 된다고 알려져 있는데 몇 번 시도해본 결과로는 긍정적이지 않습니다. 맥문동은 뿌리에 물이 고여 있는 걸 못 견뎌 해요.

실내에서 키울 땐 화분에 흙을 담은 다음, 비닐 화분에서 맥문동을 뽑아 화분에 얹고 사이사이 공간을 흙으로 메우는 대신 그냥 둡니다. 뿌리 부분에 빈틈이 있게 키워 공기와 접촉면을 늘리니 좀 더

건강해요. 맥문동은 물 빠짐이 좋아야 잘 자란다는 사실을 기억해주세요.

구문초라는 식물도 모기를 쫓는 데 좋습니다. 학명은 '펠라르고늄 로지움Pelargonium rosium'이고 영어로는 '로즈 제라늄rose geranium'이라고 불리는 구문초는 향으로 모기를 쫓는데, 밀폐된 실내에서는 향이 강하게 느껴질 수 있습니다. 예민한 사람은 두통이 오기도 하므로, 구문초를 한꺼번에 여러 개 데려오는 것보다는 한 개씩 한 개씩 점진적으로 늘리는 방법으로 키우세요. 또 부피가 크게 자라는 편이라 실내 공간에서는 부담스러울 수 있습니다.

레몬 유칼립투스도 추천할 만합니다. 레몬 유칼립투스 근처에 가면 모기 밴드와 비슷한 향이 풍깁니다. 이 식물은 시트로넬라 오일 함유량이 많습니다. 이 오일은 미국질병통제예방센터에서 권장하는 모기 기피제입니다.

부피가 크지 않고, 하늘하늘 자라는 수형이 아름다워 침대 곁 협탁에서 키울 수 있어요. 역시 실내 공간에서는 향이 다소 강하게 느껴질 수 있으니 한꺼번에 많은 수량을 들이는 것보다 점차 늘리는 것을 권하고 싶어요.

맥문동의 짙은 초록색 잎은 분수처럼 포물선처럼 그리며 자랍니다. 다 자란 맥문동의 키가 무릎 높이 정도 되고, 낮고 넓게 자라는 식물이라, 주로 화단에 지피식물로 심습니다.

맥문동을 실내에서 키우는 걸 별로 본 적이 없습니다. 책에는 수경재배도 가능하다고 안내하는데, 이 착하고 기특한 맥문동을 왜 실내에선 자주 만날 수 없는 걸까요?

실험이 필요했습니다. 먼저 맥문동을 구했습니다. 농장은 100포기 단위로만 주문할 수 있었어요. 10킬로그램짜리 사과 상자에 담겨 택배로 도착했습니다. 상자를 열어보니 검은 비닐 화분에 담긴 맥문동이 옆으로 누워 빈틈없이 담겨 있었어요. 모래가 많이 섞인 흙은 상자 안을 돌아다니고 있었습니다. 물을 좋아하지 않는 식물을 심을 때 모래가 많이 섞인 흙을 씁니다. 맥문동에 물을 주면 바로 쑥 빠져야 한다는 뜻입니다.

이 맥문동을 가지고 플랜테리어 수업에서 수경재배 화분을 만들어보았습니다. 뿌리의 흙을 모두 털어내고 씻은 다음 하얀 뿌리를 물에 담가 주었어요. 일주일쯤 지나니 뿌리가 담긴 물에서 달걀 썩는 냄새가 났습니다. 수강생의 화분에서도 같은 현상이 나타났습니다. 흙에 다시 심은 사람도, 물을 바꿔가며 수경재배로 키운 사람도 있습니다. 뿌리를 물에 푹 담그는 대신 끝만 살짝 물에 잠기도록 물을 박하게 주었더니 악취 없이 생명을 유지했지만, 세력이 약해졌어요.

수업 때 사용하고 남은 맥문동을 물을 조금씩 주며 사막처럼 관리했습니다. 맥문동은 겨우겨우 생명을 유지했습니다.

집 가장자리를 따라 심었던 맥문동은 여름 내내 비가 오던 작년이나, 한 달 내내 비가 한 방울도 내리지 않던 재작년 겨울에도 새파란 잎을 유지했었는데, 화분에 담겨 겨우겨우 생명을 유지하며 누런 잎이 많아지는 맥문동을 보니 미안했습니다.

상태가 좋지 않은 식물은 큰 식물 화분 위에 올려 두면 상태가 좋아집니다. 엄마 캥거루가 아기 캥거루를 주머니에 넣고 보호하는 것과 비슷해, '캥거루 농법'이라는 이름을 붙여주었습니다. 키가 2미터 정도로 자란 떡갈나무 화분 위에 촘촘하게 올리고, 수채화 고무나무 위에도 올려 주었습니다. 그러자 맥문동의 키가 자라기 시작했어요.

맥문동의 누런 잎이 계속 눈에 걸립니다. 아무도 없는 주말 스튜디오. 쟁반 위에 맥문동 화분을 올린 다음 테이블 위에 앉았어요. 가위질이 많이 필요할 땐 스프링이 있는 절지 가위를 사용하면 조금 더 쉽게 작업할 수 있습니다. 의자에 앉아 맥문동 누런 잎을 한 올 한

을 잘라냅니다. 기운 없는 맥문동 잎이 미용실 바닥의 머리카락처럼 금세 수북하게 쌓여요. 고요함 속에서 식물을 다듬고 있으니 잡초를 뽑을 때처럼 생각이 흐릅니다.

'이 정도만 자르면 될까? 이걸 하나하나 다 잘라야 할까? 기왕 자르는데 노란 잎은 하나도 안 보이게 다 걷어내면 어떨까? 어쨌든 누런색이 보이잖아. 이렇게까지 해야 해? 그럼. 그게 디테일이 좋은 거지. 디테일이 과연 무엇이기에…?'

디테일에 충실하다는 것은 좋은 에너지를 나누고 싶은 마음이 아닐까요. 초록색 잎을 봤을 때는 에너지가 가득 차고, 누렇게 변한 잎을 보면 기운이 빠지곤 하니까요. 이런 생각을 하며 누런 잎을 정리하는데 시간이 훅 지나갑니다. 맥문동, 캥거루 농법은 과연 성공할까요?

Play 6. 꽃 말리기

초여름은 아름다운 꽃이 활짝 피는 계절입니다. 이 시기의 꽃 중엔 별 수고 없이 거꾸로 매달아 말리기만 해도 드라이플라워가 되는 꽃들이 있어 소개합니다. 마른 후에도 꽃 색상에 거의 비슷해요. 선물용으로 미리 말려두면 좋습니다. 마르는 동안 집 안 가득한 꽃향기도 낭만적이에요.
6월엔 서양톱풀의 꽃인 노란색 아킬레아와 자나 장미가 아주 예쁘고, 6월부터 9월까지는 종이처럼 바삭거리는 헬리크리섬, 7월부터 10월까지는 색이 정말 오래가는 천일홍이 있어요. 미스티블루도 6월부터 10월까지 만날 수 있습니다. 아스틸베는 7~8월이 적기예요. 봄꽃으로는 골든볼, 시네신스, 스타티스를 기억해두세요.

꽃시장에서 데려온 식물들, 사진으로 남겨보세요.

어떤 꽃이 가장 마음에 들어왔나요? 그 이유를 적어보세요.

여름철 청량음료 대신 레몬수

유치원부터 초등학교 저학년까지의 아이들은 서로 팀을 짜 축구나 야구, 농구 같은 운동을 하는 분위기가 있습니다. 구경 가면 실컷 운동하고 땀을 뻘뻘 흘린 아이들이 달려와 음료수를 찾습니다. 생수 뚜껑을 열어주면 벌컥벌컥 마시는 아이도 있지만, 청량음료를 찾는 아이도 종종 보입니다. 마침 운동장이나 체육관 입구에는 음료수 자판기가 있어요. 품목은 보통 초콜릿 음료, 주스, 탄산음료이고, 한 캔에 약 30그램 내외의 설탕이 들어 있어요.

아무 생각 없이 먹어왔던 단것들에 관해 다시 생각하게 된 계기가 있습니다. 《과자, 내 아이를 해치는 달콤한 유혹》이라는 책이었습니다. 트랜스 지방과 설탕이 위험하다는 걸 알게 되었어요. 트랜스 지방은 지방세포와 분자식이 거의 동일한데, 지방세포는 뇌세포의 주요 구성 성분이 되기 때문에 뇌가 트랜스 지방을 지방세포로 인식하고 세포를 구성한다고 합니다.

뽀얗게 하얀 설탕의 두 얼굴도 놀랍습니다. 단것을 계속 먹으면 혈

액 속 당을 조절하기 위해 췌장이 인슐린을 내뿜고, 인체는 당이 부족하다 생각하고 또 단것을 먹으라고 지시합니다. 이 과정이 반복되다 보면 인슐린 펌프가 고장 나는데, 당뇨병의 원인이 됩니다.

일본의 저명한 당뇨병 전문의 마키다 겐지의 《식사가 잘못됐습니다》에서 안타까운 이야기를 읽었습니다. 어떤 엄마가 아들에게 동아리 연습 중에 마시라며 매일 1.5에서 2리터의 스포츠음료를 주었습니다. 그런 생활이 1년쯤 이어지던 어느 날, 아들이 운동장에서 쓰러졌고 중증 당뇨병 진단을 받았습니다.

소아당뇨는 유전적 요인으로 인한 1종 당뇨가 대부분이었으나, 최근 단것을 많이 먹어 생기는 2종 당뇨가 빠르게 증가하고 있습니다. 당뇨병이 위험한 이유는 여러 가지가 있지만, 우리가 단것을 좋아하는 것처럼 병균도 단것을 좋아하는 데 있습니다. 염증이 생기면 잘 낫지 않고, 감염되면 빠르게 증식해 패혈증이 되어 하루나 이틀 만에 목숨을 잃기도 합니다.

콜라 500밀리리터 한 병에는 무려 52그램의 설탕이 들어 있습니다. 숟가락 하나 수북하게 쌓이는 양이 약 15그램입니다. 밥공기에 설탕 52그램을 담아보세요. 52그램의 설탕은 고체 상태로 먹으면 질려서 먹기 힘들지만, 물에 녹여 마시면 몇 분 안에 섭취할 수 있어요. 단팥빵 한 개엔 약 30그램의 설탕이, 마시는 요구르트 한 개에는 20그램 남짓의 설탕이 들어 있습니다.

세계보건기구는 성인 기준 하루 설탕 섭취량을 50그램으로 제한

하고 있지만, 간식으로 단팥빵 한 개와 요구르트 한 개를 먹으면 이미 하루치 섭취량입니다. 참고로 인체는 하루 20그램 정도의 설탕을 처리할 수 있는 것으로 알려져 있습니다.

음료수가 필요할 땐 시원한 물에 레몬즙을 넣어 마시면 어떨까요? 벌꿀 알레르기가 없다면 꿀을 조금 섞어 단맛을 더해도 좋습니다. 꿀은 상온에서 곰팡이가 피지 않는 거의 유일한 식품입니다. 당분이 걱정된다면 에리스리톨 같은 설탕 대체제를 사용해도 좋습니다.

레몬수가 좋은 이유는 여러 가지가 있습니다. 우선 비타민 C의 공급원이 됩니다. 레몬 한 개는 약 18.6밀리그램의 비타민 C를 품고 있습니다. 레몬의 폴리페놀은 항산화제일 뿐만 아니라 체중 증가를 막는 효과도 있습니다. 레몬수는 소화를 돕고, 신장 결석도 예방합니다. 한 가지 주의할 점은 레몬의 구연산이 치아의 에나멜을 녹일 수 있기 때문에 마실 때 빨대를 이용하는 편이 좋습니다.

레몬 표면을 굵은 소금으로 문지르듯 닦은 뒤 물로 씻어 가로로 반을 자른 다음 스퀴저를 이용해 주스를 먼저 짭니다. 저는 보통 500밀리미터 한 병에 레몬즙 반 개 분량을 넣어 실리콘 빨대로 마십니다. 물병에 담아 냉장고에 보관하고 마셔도 좋습니다. 아이와 놀이터에 나갈 땐 이 물을 텀블러에 덜어 갈 수 있어요. 아이도, 환경도 보호할 수 있을 거예요.

생명에 관해 생각해볼 수 있는 냉장고 속 식물들

장 볼 때 주로 어느 장소를 이용하시나요? 강의나 미팅이 있을 땐 그 근처 재래시장을 들르기도 하지만, 주로 한 달에 한 번 정도 주말을 이용해 가족과 대형 마트를 이용하고, 과일이나 고기 같은 신선식품은 새벽배송이나 동네 슈퍼마켓을 이용합니다.

마트에서 보면 과일이나 채소도 다른 공산품처럼 비닐 옷, 플라스틱 옷을 입고 매대 위에 누워 있는 모습을 관찰할 수 있어요. 그래서인지 과일이나 채소가 살아 있는 생명체라는 생각이 들지 않았어요.

한번은 냉장고 속에서 상태가 좋지 않은 토마토를 발견했습니다. 토마토는 상온에 보관해야 맛이 더 좋은 걸 알면서도 싱싱할 때 다 먹지 못하니 하는 수 없이 냉장고에 넣었습니다. 그리고 깜빡 잊어버렸죠. 냉장고 속에서 토마토를 발견했을 땐 이미 먹기엔 시들하고, 버리기엔 미안한 상태가 되어 있었습니다.

손바닥 위에 토마토를 올려두고 버릴까 말까 잠깐 고민했어요. 마침 초여름이라, 이대로 땅에 심어보면 어떨까 하는 생각이 들었습니다. 도마 위에 토마토를 올려 가로로 자른 다음 씨방이 보이는 그대로 옥상 텃밭에 심었습니다. 며칠 후에 보니 정말 신기하게도 토마토 동그란 모양을 따라 오밀조밀하게 싹이 올라왔어요. 그중 몇 줄기는 키를 키우더니 쑥쑥 자라 마침내 주먹만 한 토마토를 맺었습니다.

토마토를 따서 먹어보았더니 정말 맛있었어요. 토마토는 수확한 다음 바로 먹을 때 맛이 가장 좋거든요. 유통기간이 길어질수록 급격하게 맛이 떨어지는 채소 중 하나입니다. 그냥 '먹을 것'이라고만 생각했던 토마토가 싹을 틔우고 열매를 맺는 능력이 있다는 사실을 실감하게 해준 사건이었습니다.

재미를 느낀 저는 레몬즙을 짜낸 과육에서 나온 레몬 씨앗을 분리해 지름 20센티미터 토분에 심어보았습니다. 마침 빈 화분이 세 개 있어 세 군데에 나눠 심었어요. 씨앗을 심을 때는 구멍 한 개에 씨앗 두세 개를 함께 심어주는 편이 좋습니다. 씨앗도 서로 경쟁하며 살아남으려 애쓰거든요. 살아 있는 모든 것들에는 에너지가 흐릅니다.

씨앗을 세 개씩 나누어 심은 화분 세 개에서 모두 레몬 싹이 텄어요. 한 화분에서는 두 개의 씨앗이 발아했고, 두 개의 화분에선 한 개씩 떡잎을 내밀었습니다. 그렇게 싹을 틔우고 3년째 살아남아 새잎을 올리고 있어요. 레몬 잎은 모양이 아름다워 꽃꽂이의 소재로 사용되기도 합니다.

냉장고 속 모든 열매의 씨앗에 도전해볼 수 있습니다. 먼저 레몬, 오렌지, 라임, 망고, 파파야 같은 열매에서 씨앗을 추출합니다. 물에

푹 적신 키친타월에 씨앗을 올리고, 키친타월을 덮은 다음 비닐봉지 안에 넣어주세요. 촉촉할 때 발아가 더 쉽습니다. 공기가 들어가면 수분이 금세 마릅니다. 키친타월이 마르면 씨앗이 발아를 멈추니 지퍼가 달린 비닐봉지를 사용해 공기가 들어가지 않도록 밀봉합니다. 뿌리가 손가락 하나 정도로 자라면 그때 흙에 옮겨 심어줍니다. 더울 때는 뿌리가 무르기도 하니 잘 관찰해보세요.

뿌리가 있는 채로 유통하는 고수, 파슬리, 파, 달래, 당근 모두 심으면 또 자랍니다. 손잡이가 달린 플라스틱 우유병을 이용하면 기르기 쉽습니다. 손잡이 위쪽을 잘라내고 바닥에 구멍을 뚫은 다음 돌을 깔아 배수층을 만들고, 분갈이용 흙을 이용해 식물을 심어줍니다. 창가에 올려두고 키우면 우리 집만의 작은 텃밭이 될 거예요. 아이들과 함께 키워보세요. 큰 수고 없이 키울 수 있습니다. 게다가 비용도 들지 않아요. 생명이 없는 줄 알았던 냉장고 속 식물들이 싹 틔우고 자라는 건 한 편의 드라마 같아요. 아이에게도 잊지 못할 추억이 될 거예요.

Play 7. 냉장고 속 식물 중 싹 튼 식물을 기록해보세요

맛있게 먹고 향기도 즐기는 허브들

창문을 열고 지내는 계절, 여름에는 창가에 작은 허브 화분 하나 올려보세요. 집 안 전체에 향긋한 허브 향이 맴돌 거예요. 방충, 항균 효과까지 있는 건강한 향기를 뿜어줄 뿐만 아니라, 먹을 수 있습니다. 허브는 음이온 방출량이 높은 편이라 건강에 도움을 주어요. 허브와 함께하면 왠지 모르게 생활의 감도가 섬세하게 높아집니다.

실내에서 잘 키우면 사계절 내내 허브의 푸른 잎을 만날 수 있습니다. 선풍기와 서큘레이터를 이용해 바람을 계속 맞게 해주고 물이 마르지도 축축하지도 않게 관리하면 됩니다. 토분에 키우는 편이 유리합니다. 로즈메리, 라벤더, 페퍼민트는 정원에 심으면 월동한 다음 해 봄에 뿌리에서 또 새싹을 내밀 거예요.

라벤더 여러해살이풀

향이 좋은 허브로는 라벤더가 가장 먼저 떠오릅니다. 시중에서 쉽게 만날 수 있는 품종으로는 잉글리시 라벤더와 프렌치 라벤더가 있습니다. 잉글리시 라벤더의 향은 홍차처럼 부드럽고 폭이 넓은 느낌이고, 프렌치 라벤더는 어딘지 톡 쏘는 느낌의 향을 가졌습니다. 토끼 귀처럼 두 장의 꽃잎이 길게 올라오는 귀여운 보라색 꽃의 주인공은 프렌치 라벤더입니다.

두 손으로 라벤더의 잎을 살살 움켜쥐고 부드럽게 문지른 다음 코를 묻어 향을 가슴 깊숙이 들이마시면 마음이 편안해집니다. 실제로 라벤더에는 정신을 맑게 해주는 효과가 있어요.

라벤더는 허브 종류 중에서 폼알데하이드 제거 능력이 가장 뛰어난 것으로 알려져 있습니다. 해충의 접근을 막는 성질이 있어 텃밭 사이사이에 심기도 합니다. 라벤더는 서울·경기 남부지역에서도 노지 월동이 가능합니다.

라벤더의 잎은 우려서 차로 마시기도 하고, 말린 꽃이나 씨앗은 방향제로 쓰이며, 말린 씨앗은 케이크나 쿠키를 만들 때도 사용합니다.

로즈메리 여러해살이풀

로즈메리는 잎을 쓰다듬으면 손에 묻은 향이 오래갑니다. 스테이크를 구울 때 꼭 필요한 허브입니다. 프라이팬에 기름을 두르고 로즈메리 한 줄기 잘라 넣은 다음 향이 배게 기다립니다. 그다음 스테이크를 구우면 풍미가 좋아집니다.

로즈메리 역시 해충의 접근을 막는 효과가 있어요. 잎을 말려 주머니에 넣어 향을 즐깁니다. 정원사이자 동화책 작가였던 타샤 튜더는 편지에 꼭 말린 로즈메리 한 줄기를 동봉했다고 해요. 받아보는 사람은 봉투를 열기도 전에 벌써 누가 편지를 보냈는지 알 수 있었다고 합니다. 편지나 노트 사이에 로즈메리를 꽂아두면 종이에 생기는 벌레를 막는 데 도움이 될 것 같아요. 로즈메리는 음이온 방출량이 많아 집중력을 높이니 아이 방의 식물로도 추천할 만합니다.

페퍼민트 여러해살이풀

네덜란드 암스테르담에서는 슈퍼마켓마다 민트 화분을 파는 모습을 볼 수 있어요. 민트 줄기를 잘라 그대로 따듯한 물을 부어 차로 마십니다. 어느 카페를 가도 만날 수 있는 민트 차입니다. 페퍼민트는 소화를 돕는 작용을 합니다. 우리가 잘 알고 있는 박하가 바로 민트입니다.

민트는 다른 종자와 잘 섞이고 번식력이 아주 좋아요. 서양에서는 싫어하는 사람 정원에 몰래 민트 씨를 뿌리라는 이야기도 있습니다.

애플민트 여러해살이풀

애플민트는 사과 향이 풍깁니다. 환경오염물질인 톨루엔 제거 능력이 뛰어나 새집증후군에 도움이 됩니다. 아주 잘 자라서 키우는 보람이 있어요. 애플민트를 키우는 가장 큰 즐거움은 모히토를 만들어 먹는 것입니다. 푸껫이나 다낭과 같이 더운 나라 리조트에서 많이 볼 수 있는 음료수예요. 여행지의 향수를 달랠 수 있습니다.

바질 한해살이풀

바질은 배를 살짝 내민 어린아이처럼 귀여운 잎을 가지고 있습니다. 창틀에서도 잘 자라는 바질은 토마토와 잘 어울리는 허브예요. 토마토, 모차렐라 치즈, 바질을 편으로 자르고 올리브유의 발사믹 식초, 소금 살짝 쳐서 카프레제 샐러드로 만들어 먹으면 영양소와 맛 두 가지 다 잡을 수 있어요. 향이 진한 편이라 잎 두 장을 채 썰어 샌드위치 사이에 끼워 넣으면 풍미를 즐기기 충분합니다. 한 해만 사는 풀이라, 씨앗을 맺고 나면 또 자라지 않아요.

라벤더

로즈메리

애플민트

Play 8. 향기 주머니 레시피 만들기

키우고 있는 허브 줄기를 잘라 바람이 잘 부는 그늘에서 말려주세요. 바지걸이 집게로 집어 말리면 편리합니다. 햇빛이 잘 드는 곳에서는 허브가 품고 있는 오일 성분이 휘발되니 어둡고 바람이 잘 통하는 곳에서 말려주세요. 베란다라면 북향이 좋습니다.
마땅한 공간이 없다면 실내에서 말려도 괜찮습니다. 장마철은 피해주세요. 식물이 마르기 전에 곰팡이가 먼저 번식할 수 있습니다. 여러 가지 허브를 섞어 나만의 방향제 레시피를 만들어보세요. 액세서리 브랜드나 의류 브랜드에서 증정하는 천 소재의 작은 주머니에 담으면 환경을 아낄 수 있어요.

≪ 레시피 ≫

지금 만든 향기 레시피에 이름을 지어주세요.

향신료와 친해지면
전 세계 음식을 즐길 수 있어요

한번은 해물탕 전문점에서 식사하고 있었습니다. 옆 테이블에는 할아버지, 할머니와 엄마, 아빠, 유치원생으로 보이는 남자아이 둘이 앉았습니다. 테이블 너머 아빠의 목소리가 들려왔어요. "네가 조개를 먹는다고? 조개는 비릿한데 괜찮겠어? 아빠가 보기에 너는 먹지 못할 것 같은데." 아이는 호기심에 가득한 눈으로 조개를 앞접시에 담았다가 아빠의 이야기를 듣고 접시를 옆으로 슬며시 밀어냈습니다.

아이가 스스로 무언가를 하겠다고 결정하고 시도할 때 그 순간, 옆에서 뭐라고 하느냐에 따라 아이 행동의 방향성이 정해집니다. 먹어보려고 시도할 때, 그 순간을 잘 잡아 아무렇지 않은 듯 "좋아하는 사람들도 많은데, 한번 먹어보면 어떨까?"라고 용기를 북돋워 주면 어떨까요?

아이가 불확실한 세상을 향해 나아가려면 호기심을 유지하고 무언가 계속 해보려는 마음을 갖는 게 중요합니다. 스스로 선택한 행동을 해보며 작은 성공을 쌓아나가면 아이는 조금씩 더 큰 일에 도전해볼 수 있을 거예요.

음식에서도, 식물에서도 다양한 시도를 해보면 어떨까요?

《장선용의 평생 요리책》을 쓰신 요리연구가 장선용 선생은 손맛이 좋기로 소문난 어른입니다. 궁중요리의 대가 강인희 선생께 사사했고, EBS 〈최고의 요리 비결〉에도 출연해서 그 솜씨를 전수해주시기도 했습니다.

장 선생은 해외 주재원 남편을 따라 해외에서 거주한 경험이 많았는데, 미국과 필리핀 거주하실 때 큰 수술을 받은 한국인이 현지 음식을 먹지 못해 애를 먹는 걸 보게 됩니다. 먹지 못하니 큰일이 나게 생긴 것입니다. 그래서 환자가 회복할 때까지 직접 한국 음식을 해 날랐다고 합니다.

그런 일을 몇 번 겪으니 뭐든 잘 먹게 식성을 길들여두는 편이 좋겠더라고 기록합니다. 물론 인생엔 그런 일이 일어나지 않을 가능성이 더 크지만, 꼭 그 이유가 아니더라도 세계의 음식을 즐길 수 있다면 삶도 조금 더 풍성해집니다.

다른 나라 음식을 만날 때 거부감이 느껴지는 것은 특유의 향신료 때문입니다. 팔각, 정향, 고수, 바질, 커민 같은 향신료가 특히 강하죠. 미리 살짝살짝 노출해주면 향에 대한 거부감이 약해집니다. 아이뿐 아니라 어른에게도 응용해도 좋습니다. 처음에는 전혀 눈치채지 못하도록 미미하게 넣었다 함량을 조금씩 높이면 거부감 없이 익숙해질 가능성이 큽니다.

여름에는 고수와 라임을 넣은 토마토 살사가 아주 맛있어요. 아이들과 함께 만들어봐도 좋고요. 토마토 살사는 멕시코 음식으로 구운 고기에 곁들여 샐러드처럼 먹어도 좋습니다. 아이들이 칼로 토마토를 자르다 손을 다칠까 우려된다면 빵을 자를 때 사용하는 플라스틱 칼을 이용해도 됩니다. 아보카도에 토마토 살사를 곁들여 먹은 다음, 토마토, 라임 씨앗, 아보카도 씨앗을 화분에 심어 다시 키워보면 어떨까요?

여름에 토마토 살사가 있다면, 겨울에는 뱅쇼가 있습니다. 뱅쇼는 따뜻한 와인이라는 뜻의 프랑스어예요. 와인에 오렌지, 사과, 레몬, 팔각, 정향, 계피 스틱을 넣고 팔팔 끓이면 은은한 과일 향이 풍기는 뱅쇼가 되어요. 아이들에게 술을 권하는 거냐고요? 걱정하지 마세요. 와인이 끓는 동안 알코올은 거의 날아갑니다. 프랑스에서는 감기에 걸리면 달콤하고 따뜻한 뱅쇼를 마셔 몸을 데우기도 해요. 알코올이 마음에 걸릴 때는 와인 대신 포도 주스를 사용해도 됩니다.

강황이나 커민 같은 향신료는 카레에 첨가해주면 금세 친해질 거예요, 달걀 프라이에는 육두구를 더해 느끼함을 살짝 잡아주기도 합니다.

여기서 언급한 향신료는 모두 식물입니다. 식물과 친해지면 인생이 다채로워집니다.

살아 있는 음식을 먹어요

법정 스님의 《아름다운 마무리》를 읽다가 헨리 데이비드 소로의 《월든》을 좋아하셨다는 사실을 알게 되었습니다. 얼마나 좋아하셨던지 미국에 있는 월든 호수를 세 번 방문하셨습니다. 《월든》은 1854년 미국에서 처음 출간된 책으로 무려 100년이 넘도록 읽히는 교양 필독서라 할 수 있어요.

소로는 19세기 미국의 유명한 저술가입니다. 미국 매사추세츠 콩코드에 있는 월든 호숫가에 통나무집을 짓고 2년 동안 자급자족하는 생활을 했습니다. 하버드 대학교를 졸업했으나 직업을 갖지 않고 밭을 일구고 측량 일이나 목수 일 같은 노동을 하며 남긴 기록이 바로 《월든》이라는 책입니다.

헨리 데이비드 소로를 생각하니, 헬렌 니어링의 《소박한 밥상》도 떠오릅니다. 소로는 주로 탄수화물로 이루어진 가벼운 식사를 했는데, 헬렌 니어링은 만약 소로가 건강에 이로운 다양한 음식을 먹었더라면 조금 더 오래 살지 않았을까 하며 안타까워했습니다. 실제로

1817년에 태어난 소로는 45세의 나이로 영면했습니다.

헬렌 니어링의 《소박한 밥상》은 요리책을 표방하지만 사진이 한 장도 없습니다. 이 책은 가능한 한 밭에서 딴 재료를 그대로 쓰고, 비타민과 효소를 파괴하지 않기 위해 낮은 온도에서 짧게 조리하고 양념을 치지 않으며, 조리도구도 최소한으로 사용한다는 원칙 아래 쓴 책입니다. 조리 시간과 먹는 시간, 정리에 필요한 시간도 간소합니다.

헬렌 니어링 박사와 스콧 니어링 박사가 즐기던 음식 중엔 '말먹이'라고 이름 붙인 음식이 있습니다. 껍질을 벗겨 찐 귀리를 롤러로 으깨고 건포도를 넣고 레몬즙을 더하고 소금을 약간 친 다음, 올리브유나 식용유를 더해 휘휘 저은 다음, 이걸 나무 그릇에 담아 나무 숟가락으로 먹습니다. 이 조리법을 따르면 설거지도 없습니다.

'양배추 냄비 요리'를 하나 더 소개하고 싶습니다. 냄비에 기름을 두르고 달군 다음 양배추, 셀러리, 양파, 토마토, 피망, 메이플 시럽을 모두 넣습니다. 뚜껑을 닫고 가끔 저어가면서 15분간 익히면 끝이에요.

헬렌 니어링은 발을 땅에 붙이고, 먹을거리를 유기농법으로 손수 길러 먹는 것만으로도 충분하다고 말합니다. 실제로 스콧 니어링 박사와 헬렌 니어링 박사는 의사를 만날 일이 없을 만큼 건강하게 100세 가까이 살았어요. 스콧 니어링 박사는 100세가 되던 해에 음식물을 멀리해 스스로 인생의 문을 닫았고, 헬렌 니어링 박사도 같은 방식으로 삶을 마무리하고 싶어 했지만 92세에 교통사고로 세상을 떠났습니다.

부부는 돈을 벌지 않았고, 현금이 필요할 때는 메이플 시럽과 메이플 사탕을 만들어 시장에 내다 팔아 벌었습니다. 해마다 6개월만 일하고 6개월은 연구, 여행, 대화, 가르치는 일을 하며 보냈습니다. 그렇게 아낀 시간과 에너지로, 부부는 63권의 저서를 남겼습니다.

니어링 부부가 20년 동안 살았던 버몬트는 타샤 튜더의 정원이 있는 곳이기도 합니다. 타샤 튜더는 57세에 30만 평의 땅을 구매하고, 30년 동안 정원을 가꿨는데, 이 정원이 전 세계적으로 유명해졌습니다. 자연 속에 살며 45킬로그램도 되지 않은 작은 체구로 80대 후반에도 스스로 장작을 팰 만큼 건강했던 타샤는 93세에 세상을 떠났습니다.

코로나 시대를 지나며 배달 음식이나 패스트푸드를 자주 먹게 되었습니다. 덕분에 일터에 있어도 아이의 끼니를 챙길 수 있어 감사했지만, 포장 용기를 정리하며 마음 한쪽이 저릿하기도 했습니다. 부모와 함께하는 시간만큼은 아이들에게 조리 단계를 줄인 살아 있는 음식을 먹게 해주는 것은 어떨까요? 건강에도 도움이 되고 환경을 아끼는 일이기도 합니다.

초여름 6월

Eat 4. 오트밀 쿠키 만들기

헬렌 니어링의 《소박한 밥상》 중 오트밀 쿠키 레시피를 변형해보았습니다. 이 쿠키는 바깥 놀이가 많아지는 여름용 간식으로 추천하고 싶어요. 놀이터에서 과자와 청량음료는 조금 줄이고 오트밀 쿠키와 레몬수를 마시면 어떨까요? 쓰레기도 줄일 수 있는 방법입니다.
오트밀 쿠키는 아이와 함께 만들 수 있을 만큼 아주 쉬운 요리입니다. 레시피 2배만큼 구워 냉동실에 얼려두고 먹을 때마다 오븐이나 토스터에 살짝 데우면 갓 구운 쿠키처럼 즐길 수 있습니다. 우유와 함께 먹으면 아침 식사로도 충분할 거예요.

준비물

납작 오트밀(압착 귀리) 3컵, 중력분 2컵, 버터 1컵, 설탕 ½컵,
메이플 시럽 ½컵, 바닐라 에센스 1작은술, 소금 1 ½작은술,
계핏가루 1작은술, 달걀 2개, 건포도·호두 약간

1. 오트밀과 중력분, 소금, 계핏가루, 건포도, 호두 등 마른 재료를 전부 넣고 섞습니다.
2. 버터를 전자레인지에 돌려 살짝 녹이고, 메이플 시럽, 설탕, 바닐라 에센스를 넣고 섞습니다. 녹은 버터 온도에 달걀이 익을 수 있으니 달걀은 가장 마지막에 넣습니다.
3. 1과 2를 섞은 다음 동그랗게 빚어 납작하게 눌러 모양을 잡은 뒤 쿠키 팬 위에 놓습니다.
4. 200도 오븐에 15분 정도 굽습니다.

우리가 함께 구운 오트밀 쿠키의 사진을 남겨주세요.
오트밀 쿠키, 만들어 먹어보니 어땠나요?

초여름 6월

Eat 5. 토마토 살사 만들기

토마토를 주사위 모양으로 자르는 게 조금 번거롭지만 조리 과정이 없는 간단한 메뉴예요. 색상도 아름다워 손님 초대 요리에도 손색이 없습니다. 구운 스테이크나 프라이드치킨에 곁들여 먹어도 좋고, 삶은 콩, 삶은 달걀, 아보카도와도 잘 어울려 고기를 사랑하는 사람들, 채식주의자들 양쪽 모두에게 사랑받는 메뉴예요. 향이 진한 재스민 라이스를 곁들이면 조금 더 현지 스타일로 즐길 수 있어요.

준비물

토마토 3개, 양파 ½개, 할라페뇨 고추 4~5개, 소금 1작은술,
마늘 ½작은술, 라임즙 2작은술, 고수 30g, 에리스리톨 ½큰술

1. 토마토 3개를 작은 주사위 모양으로 썰어줍니다. 살짝 데쳐 껍질을 벗기면 먹기 편하지만, 대부분의 경우엔 그냥 쓰는 편이에요. 플라스틱 케이크 칼을 이용하면 아이와 함께 썰어볼 수 있어요.
2. 양파도 작은 주사위 모양으로 썹니다.
3. 라임 반 개를 눌러 즙을 짭니다.
4. 고수는 기호에 따라 양을 가감합니다. 초보자는 향이 거의 느껴지지 않을 만큼 아주 조금, 숙련자는 먹고 싶은 만큼 넣어도 좋습니다. 마늘을 ½ 작은술 정도 함께 사용합니다. 마늘은 생략해도 괜찮지만, 라임즙과 고수는 반드시 있어야 해요. 단맛을 좋아한다면 에리스리톨을 넣습니다. 설탕 대체재인데 혈당 걱정 없이 먹을 수 있어요.

5. 할라페뇨 고추를 4~5개 다져 넣습니다. 보통 유리병에 들어 있는 할라페뇨 피클을 사용해요. 냉장고 속에서 하룻밤쯤 묵히면 재료에 향이 배어 풍미가 더 좋습니다. 아이와 함께 먹을 땐 아이가 먹을 만큼 토마토 살사를 덜어낸 다음 할라페뇨 고추를 섞습니다.

우리가 함께 만든 토마토 살사

토마토 살사, 어떻게 먹을 때 가장 맛있었나요?

여름 7월

Eat 6. 모히토 만들기

모히토는 럼주와 라임 주스, 설탕, 민트 잎, 소다수를 섞어 만드는 칵테일입니다. 작가 어니스트 헤밍웨이가 좋아했던 칵테일로 유명합니다. 맛이 너무 좋아 홀짝홀짝 마시다 보면 금세 취하니 주의가 필요해요. 모히토에 들어가는 라임 주스는 비타민 C가 풍부해 면역력을 강화해줍니다. 알코올을 빼면 아이들과 함께 마시기에도 좋은 음료라 소개해봅니다.
모히토를 만들 때는 민트 잎을 절구를 이용해 빻아주세요. 손님을 초대하며 조금 편하게 하려고 애플민트를 믹서를 사용해 갈아본 적이 있는데, 잘게 분쇄된 애플민트 잎이 이 사이사이에 끼어 손님들과 입을 다물고 대화를 나누었던 웃지 못할 경험이 있습니다.

쉽고 편한 모히토 만들기

준비물: 애플민트 3줄기, 라임 ½개, 사이다 250ml 1캔

1. 10센티미터 정도의 애플민트 세 줄기를 준비해 깨끗하게 씻습니다.
2. 애플민트를 절구에 넣은 다음 절굿공이로 찧어줍니다. 절구가 없으면 도마 위에 놓고 밀대로 두들겨도 됩니다. 아이에게 부탁해도 잘할 수 있을 거예요.
3. 라임은 굵은 소금을 이용해 표면을 문질러 닦아준 다음 물로 씻어줍니다. 가로로 반을 잘라 즙을 짭니다. 스퀴저를 이용하면 더 편리하지만 없다면 손으로 누른 다음 숟가락으로 긁어도 됩니다.
4. 컵에 애플민트를 담고 사이다를 따른 다음 라임즙을 부어주세요. 예쁘게 장식하고 싶을 땐 라임을 얇게 슬라이스 해 칼집을 내 컵에 꽂아줍니다.

설탕을 줄인 건강한 모히토 만들기
준비물 : 애플민트 3줄기, 라임 ½개, 에리스리톨 1큰술, 탄산수 1병

1~3번은 동일합니다.

4. 컵에 애플민트를 담고, 에리스리톨을 넣은 다음 탄산수를 따르고, 라임즙을 부어주세요. 예쁘게 장식하고 싶을 땐 라임을 얇게 슬라이스 해 칼집을 내 컵에 꽂아줍니다.

우리가 함께 만든 모히토!

「 」

모히토, 맛이 어땠나요?

여름 7월

Eat 7. 라벤더 얼음 만들기

땀이 많이 나는 여름에는 계속 얼음물을 찾게 됩니다. 꽃 얼음을 띄워보는 건 어떨까요? 얼음 틀에 꽃을 넣어 얼려보세요. 매일매일 마시는 시원한 음료가 아름다운 예술이 될 거예요. 라벤더꽃엔 항균 성분이 있으니 균을 줄이는 데 도움이 됩니다. 라벤더 대신 허브 잎을 넣어 얼려도 좋습니다.

준비물
라벤더꽃, 얼음 틀

1. 라벤더의 꽃을 땁니다. 아이들에게 부탁해도 좋아요.
   가위로 자르면 꽃의 모양을 더 아름답게 살릴 수 있어요.
2. 얼음 틀에 넣고 깨끗한 물을 담아 냉동실에서 얼립니다.
   다양한 모양의 얼음 틀을 사용하면 꺼내 먹는 재미가 더해집니다.

라벤더 얼음의 사진을 남겨주세요.

라벤더 얼음, 어떻게 먹을 때 가장 맛있나요?

여름 8월

Eat 8. 민트 차 마시기

네덜란드 암스테르담에서는 어딜 가나 생 페퍼민트 차를 만날 수 있어요. 식당마다 식후엔 작은 도넛 모양의 흰색 박하사탕을 준답니다.
민트 줄기를 실로 묶고, 그 위에 따뜻한 물을 부어줍니다. 여기에 얼음을 넣어 시원하게 마실 수도 있어요. 속이 약한 사람은 배가 아플 수 있으니 민트의 양을 조절하세요. 페퍼민트, 스피어민트, 애플민트 모두 차로 마실 수 있습니다. 세 가지 민트 차의 맛을 비교해볼까요? 민트를 섞어 나만의 레시피를 만들어도 재미있습니다.

페퍼민트 스피어민트 애플민트

「 」

어떤 민트 차가 가장 좋았나요? 이유를 함께 적어보세요.

여름 7월

Eat 9. 오이 샌드위치 만들기

영국에는 오후에 디저트와 차를 마시는 문화가 있습니다. '애프터눈 티'라는 이름으로 불리는데, 그때 함께 등장하는 메뉴가 바로 오이 샌드위치예요. 아주 쉽고 맛도 좋아 소개합니다. 아이들이 스스로 만들 수 있게 도와주세요. 오이 알레르기가 있다면 다른 채소로 바꿔도 좋습니다.

준비물

식빵 2장, 마요네즈 1큰술, 오이 ½개

1. 식빵은 토스터에 살짝 굽습니다. 토스터가 없을 땐 프라이팬에 구워도 좋습니다. 식빵을 살짝 구우면 식감이 좋아지고, 내용물의 힘을 지지할 수 있게 돕습니다.
2. 오이는 굵은 소금으로 문질러 닦은 후에 물로 씻어줍니다. 오이를 반으로 잘라 도마 위에 놓고 한 손으로 꼭지를 누르고 감자칼로 얇게 썹니다.
3. 식빵은 두 장 모두 한 면에 마요네즈를 바릅니다. 수분 흡수를 막아 바삭한 식감을 좀 더 유지할 수 있어요.
4. 마요네즈를 바른 면에 얇게 썬 오이를 얹습니다.
5. 다른 식빵을 그 위에 얹은 뒤 대각선으로 한 번 잘라 삼각형 모양으로 만들어줍니다. 입이 작은 어린이들이 먹기 편할 거예요.

내가 만든 오이 샌드위치, 사진으로 남겨보세요.

오이 샌드위치, 맛이 어땠나요? 이야기를 들려주세요.

가을

월동준비, 내년 봄을 준비하는 가을

아무것도 하고 싶지 않을 땐, 햇빛 20분

작가로서 첫 책이었던 《우리 집이 숲이 된다면》은 2018년 5월에 출간되었습니다. 그 당시 아들은 열두 살, 초등학교 5학년이었습니다. 성인을 대상으로 한 책이라 아들이 읽을까 궁금했는데 의외로 재미있다고 했습니다. 다 읽고 나서는, 또 읽겠다며 어디 있느냐고 찾기도 했어요.

출간 이후 간간이 들려오는 소식으로는 집집이 비슷한 일이 벌어졌습니다. 아이들이 열심히 읽었습니다. 이 일을 계기로 아이들을 위한 식물 책을 쓰고 싶다고 생각하게 되었습니다. 식물을 키우고 돌보는 건 아이와 어른 모두에게 이로운 일이기 때문입니다.

위즈덤하우스의 어린이 지식 교양 시리즈 '지식의 힘' 중 하나로 《우리 집은 식물원》을 쓰게 되었습니다. 이 책은 '내 손으로 키우는 반려식물'을 목표로 합니다.

이 책이 출간된 뒤 초등학생을 위한 강연 요청이 들어왔습니다. 서울에 있는 한 초등학교 3학년이 대상이었습니다. 당시 코로나19 팬데

믹으로 인해 줌을 통한 온라인 수업으로 진행되었습니다. 담당 부장 선생님께서 줌 링크를 메일로 전달해주셨습니다.

강의 시작 10분 전, 3학년 2반 수업에 들어가니 아이들이 선생님과 미술 수업을 하고 있었습니다. 우유갑을 이용해 집을 만들었어요. 낮은 사각형 집과 세모 지붕 집이 함께 서 있는 두 동짜리 단독주택이었습니다. 빨간색과 노란색 색종이를 붙여 마감한 동화 속 쿠키 하우스 같았습니다.

각자 차례가 되면 집을 카메라 앞에 올려 선생님에게 검사를 받았습니다. 창이 없는 집도 있고, 창이 하나만 있는 집도 있었습니다. 선생님은 집에는 창이 있어야 하니 창을 만들어보라고 조언합니다.

모니터 화면 속 아이들은 모두 혼자입니다. 어떤 아이는 칸막이가 있는 교실에서 마스크를 쓰고 수업하고 있고, 대부분의 아이들은 방에서 참여하고 있어요. 미술 수업이 끝나고 이제 식물 수업으로 바뀌었습니다.

한 화면에 들어오는 25명의 아이들. 담임선생님에서 초보 선생님으로 바뀌자마자 아이들 얼굴에서는 긴장감이 사라집니다. 어떤 아이는 의자에 궁둥이를 붙이고 미끄럼을 타듯 내려오는 동작을 되풀이하고 있고, 어떤 아이는 눈이 다른 곳을 향하고 있어요.

혹시 식물 키우는 사람이 있느냐고 물었더니 몇몇이 손을 듭니다. 키우는 식물의 이름을 아는 사람이 있느냐고 물었더니 한 남학생이 정확하게 '스킨답서스'라는 이름을 말합니다. 스킨답서스는 '악마의 식물'이라 불린다고 말해주니 그제야 아이들이 재미있어합니다.

먹을 수 있는 식물 이야기를 하며 허브 이야기를 들려주니 이미 키워본 경험이 있는 아이들도 있었어요. 식물을 잘 키우려면 햇빛과 바람을 많이 쐐주어야 한다고, 식물도 집에만 있으면 튼튼하게 자라기 힘들다고 알려주었습니다.

묻지도 않았는데 아이들은 코로나바이러스 때문에 계속 집에서 머무는 것이 싫다고 말하기 시작해요. 한 아이가 계속 집에만 있으니 아무것도 하고 싶은 마음이 들지 않는다고 말합니다. 3학년 2반 아이들은 그 의견에 적극적으로 동조합니다. 여기저기서 "저도 아무것도 하고 싶지 않아요" 하는 소리가 들려옵니다.

그 이야기가 아직도 귀에서 울립니다. 아무것도 하고 싶지 않은 이유는 마음에 감기가 왔거나 오려고 하기 때문입니다. 식물에게는 회복의 힘이 있습니다. 아이들이 식물과 친해지길 바라며 더 열심히 이야기를 들려주었습니다.

19세기 독일 의사 모리츠 슈레버 박사는 환자에게 "햇볕에 나가 맑은 공기를 마시며 푸른 채소를 기르라"는 처방을 내린 적 있습니다. 아이들은 밖에서 뛰어놀아야 해요. 적어도 하루 20분 햇빛을 보며 뛰어놀 수 있게 도우면 어떨까요?

함께 사는 것을 배우는 정원

오경아 작가의 《소박한 정원》을 읽었습니다. 오경아 작가는 잘나가던 방송작가 출신으로, 갑자기 영국으로 유학을 떠나 정원 공부를 하고, 영국 왕립식물원 큐 가든에서 1년 동안 인턴 정원사로 일한 경력이 있습니다. 지금은 속초에 오경아의 정원 학교를 설립해, 가드닝과 가든 디자인을 배울 수 있는 다양한 강좌를 선보이고 있어요.

이 책은 저자가 영국 큐 가든에서 일하던 시기의 이야기입니다. 매일 편도 2시간 왕복 4시간 걸리는 출퇴근에 정원 일이라는 육체노동을 하며 글을 쓴 그 성실함에 존경심이 생깁니다. 2008년 6월 출간했던 책에 삽화를 넣고 재단장해 2019년 다시 출간했습니다.

오경아 작가는 당시 50대 중반이었던 부모님이 갑자기 세상을 떠난 뒤 번아웃이 찾아와 정원 공부를 위해 영국으로 떠납니다. 힘들 때일수록 식물을, 자연을 찾는 것은 생명체의 본능이 아닌가 합니다. 식물과 흙엔 치유의 힘이 있으니까요.

최근 흙의 힘을 알 수 있는 일이 있었습니다. 가지가 무른 마지나타 레인보우의 끝부분을 잘라 물꽂이해 주었습니다. 가지를 물에 꽂으면 대부분 식물은 뿌리를 내립니다. 마지나타의 키 큰 줄기는 금세 굵직한 뿌리를 내었지만, 가느다란 가지는 뿌리가 보일 듯 말 듯 해요. 안쓰러워 흙에 심어주었습니다. 그러면서도 뿌리가 없는데 흙에 심으면 살아남을까 조바심이 났습니다.

이틀쯤 지났을까, 잎에 기운이 차오르는 게 느껴집니다. 뿌리가 자라기 시작하는 것이에요. 이제 마음이 좀 놓였습니다. 물속보다 흙에서 더 빠르게 안정된다고 느꼈어요. 마치 누가 돕고 있는 것 같았습니다. 왜 그럴까요? 생각해보다 무릎을 쳤습니다. 흙 속 미생물이 틀림없습니다.

미생물은 '균'이라 불리며 '나쁜 것', 100% 완전히 살균해야 하는 것으로 여겨 왔습니다. 하지만 이제 미생물의 존재가 좀 더 밝혀지면서 그런 생각도 많이 바뀌었습니다. 우리 몸에 유익균과 유해균이 함께 살고 있고, 우리가 건강하다는 것은 그 두 가지가 균형을 이루고 있다는 의미가 아닐까요. 어쩌면 적당히 더러운 게 면역력을 키우는 것 같기도 합니다.

아이는 신도시가 생기던 시기에 개원한 오래된 유치원을 다녔습니다. 유치원 앞엔 널따란 놀이터가 있었어요. 바닥엔 모래가 두툼하게 깔려 있고, 놀이터 가장자리 쪽으로 철재로 만든 미끄럼틀, 시소, 그네, 구름다리가 설치되어 있었습니다. 아이들은 놀이터 바닥에 철퍼덕 엉덩이를 깔고 앉아 두꺼비집을 만들기도 하고 모래를 던지기도 하며 놀았습니다.

어떤 어른들은 모래를 만지면 질색했어요. 그 안에 길고양이나 개의 배설물이 있다고 했습니다. 찜찜하긴 했지만, 아프지만 않으면 괜찮다고 생각하는 어른도 있었습니다. 감염이 있을 수 있으니 모래투성이 손으로 눈을 비비거나 얼굴을 만지지 말라고 주의를 주었습니다. 아이들은 모래에 앉아 한참을 놉니다. 싫증이 나면 미끄럼틀에 올라가 내려오기도 하고, 그네도 탔습니다. 그네를 구르지 못하는 조그마한 아이들은 형이나 누나가 등을 밀어주었어요. 땀을 뻘뻘 흘리며 얼굴에 까만 땟국물이 흐를 때까지 놀았습니다. 그런 날에는 몸을 구석구석 더 깨끗하게 씻어주었습니다.

식물을 알게 되면 알게 될수록 자연스러운 것이 좋다는 생각이 듭니다. '자연' 속에는 먼지도, 병균도, 벌레도, 개도, 고양이도, 배설물도 있습니다. 그 모습 그대로 균형을 이루며 살아갑니다.

오경아 작가도 《소박한 정원》에서 자연 교육에 대해 이렇게 말합니다. '진정한 자연 교육은 우리가 함께 살아가고 서로 의지한다는 점, 우리만큼이나 그들도 우리의 도움이 필요하다는 걸 알아가는 것이라고 생각한다'고요. 우리는 '함께' 살아갑니다.

식물이 많은 집이 주는 뜻밖의 효과

띵동띵동. 벨 소리가 들려 비디오폰을 보니 화면 아래쪽으로 올망졸망한 아이들 머리가 보였습니다. 아들 친구들입니다. "어, 오랜만이다" 하며 문을 열어주니 아이들이 "안녕하세요!" 하고 인사를 건네며 뛰어 들어옵니다. 오후 5시 반. 저녁 시간입니다. 어떻게 할까 잠시 망설이다 냉장고에서 양파, 호박, 당근, 감자, 돼지고기를 꺼내 카레를 준비합니다.

가장 먼저 양파를 썰었습니다. 세로로 반을 갈라 도마에 평평한 면이 닿게 뒤집은 다음 부챗살처럼 중심을 향하게 세로로 칼질하면 세로 조각이 생깁니다. 도마를 돌려 다시 가로로 자르면 양파의 조각이 균일한 사다리꼴이 됩니다. 시간이 없을 때는 세로 상태 그대로 쓰기도 하지만 가능하면 사다리꼴을 만듭니다. 재료가 작으면 작을수록 열이 빨리 전달되어 조리 시간이 짧아지니까요. 그걸 달궈진 스테인리스 중화요리용 팬에 넣고 양파가 갈색이 될 때까지 볶습니다. 양파가 익는 동안 호박, 당근, 감자를 적당한 크기로 썹니다. 양파가 투명한 단계를 넘어 갈색이 도는 캐러멜라이즈 상태가 되면 감칠맛이 납니다.

채소가 주인공이 될 때는 한 조각이 3~4센티미터 정도 되도록 큼직하게 잘라 전자레인지에 익힙니다. 800W 전자레인지 기준으로 10분 익히면 충분합니다. 돈가스 또는 새우튀김을 곁들이거나, 내용물을 빨리 익혀야 할 때는 채소 조각이 1센티미터 정도 될 만큼 잘게 썹니다. 그날은 1센티미터 정도로 잘게 썰었습니다.

어떻게 하면 더 맛있을까요? 주방 수납장에는 청정원 카레여왕 구운 마늘 & 양파 맛과 오뚜기 백세카레 약간 매운맛이 있었습니다. 두 가지를 반반 섞어보기로 합니다. 다 익은 채소에 물을 붓고 카레여왕 반, 백세카레 반을 부었습니다. 뚜껑을 덮어 중간 불에 뭉근하게 익힙니다. 일본식 카레처럼 달걀 프라이를 얹을 거예요. 그날따라 달걀 프라이도 흰색은 동그랗게, 노란색은 야무지게 구워졌습니다.

오목한 접시에 밥을 펼쳐 담고, 카레를 덜고, 밥 위에는 달걀 프라이 한 개를 얹었습니다. 단출한 한 그릇 음식. 아이들을 불러 식탁이 앉히고 먹어보라고 권했습니다.

"맛이 어때?"

"지금까지 먹어본 카레 중에서 제일 맛있어요!"

연신 엄지손가락을 치켜들며 숟가락이 바쁜 아이들. 접시에 음식이 비워지는 속도를 보니 빈말은 아닌 것 같습니다. "더 먹어도 돼요?" 묻던 아이들은 순식간에 냄비를 비웠습니다.

이날 카레는 온 동네에 소문이 났습니다. "지금까지 먹어본 카레 중 제일 맛있는 카레"가 "세상에서 가장 요리 잘하는 엄마"로 불어나 발을 달고 퍼져나갔습니다. 손사래를 쳤지만, 이미 걷잡을 수 없었습니다. 카레가 맛이 있으면 또 얼마나 맛있을까요. 민망했습니다. 아이들은 느낀 대로 표현하는 법이니까 맛있었을지도 모릅니다. 무엇 때문에 그렇게 맛있었던 걸까 이유를 곰곰이 생각해보았습니다. 혹시 식물이 가득한 공간과 상관관계가 있는 건 아닐까요? 같은 음식도 숲에서 먹으면 더 맛있게 느껴지니까요.

열 살 때쯤일까, 부모님은 올망졸망한 우리 네 자매를 데리고 서오릉에 가 나무 아래 알루미늄 코펠을 펼치고 기름 버너에 불을 붙여 밥을 짓고 숟가락으로 스팸을 뭉텅뭉텅 잘라 넣은 다음 감자와 당근, 호박과 함께 끓인 된장찌개를 준비해주셨습니다. 집에서 먹는 것과 똑같은 음식인데 왜 이렇게 맛있을까, 밥을 계속 덜어 먹으며 혹시 뭔가 다른 재료를 넣은 것은 아닌지 여러 번 물어도 부모님은 매번 같은 음식이라고 했습니다. 신기했어요.

그날 아이들은 식물이 가득한 공간을 숲으로 여겼던 건 아닐까요? 그래서 음식이 더 맛있게 느껴졌던 건 아닐까 생각해봅니다. 아니면 카레여왕 반, 백세카레 약간 매운맛 반의 마법일까요?

분갈이해야 하는 이유, 쉽게 하는 법

식물을 키우면서 막상 때가 되면 막막하고 어렵게 느껴지는 게 분갈이입니다. 모르면 겁이 나는데, 알면 쉬워집니다. 해야 한다면 담대하게 해보면 됩니다. 우리는 경험을 통해 성장하니까요. 식물은 지구에서 우리보다 오래 살아온 생명체라 생각보다 강해요.

그런데 도대체 분갈이는 왜 필요할까요? 식물과 함께 살다 보면 잘 자라던 식물이 갑자기 잎을 떨어뜨리고 상태가 나빠질 때가 있어요. 갑자기 이별을 선언한 상대방을 바라보는 기분과 비슷합니다. 이유를 알 수 없으니 당황하게 됩니다. 바로 이때가 바로 분갈이 시점입니다.

식물의 나뭇가지가 자라고 잎이 무성해지는 것처럼 뿌리도 화분 속에서 자랍니다. 화분은 공간의 제약이 있기 때문에 뿌리가 자라다가 더 자랄 공간이 없게 되면 숨을 쉬지 못해 파르르 세상을 떠납니다. 식물이 갑자기 상태가 나빠진다고 느껴질 때는 그 즉시 뿌리가 숨 쉴 수 있도록 더 큰 화분으로 옮겨주거나 뿌리를 솎아 여유 공간을 확보해주어야 해요.

분갈이가 필요한 또 한 가지 이유는 흙의 영양분이 사라지기 때문입니다. 분갈이 시점의 화분을 꺼내 보면 흙은 거의 없고 뿌리만 있는 경우를 만날 수 있습니다. 이때는 영양분을 섭취할 수 있도록 흙을 보충해주어야 합니다.

분갈이의 시기는 봄이 가장 좋습니다. 봄부터 가을까지는 식물의 성장기입니다. 가을부터 겨울을 지나 봄까지는 휴면기이지만, 이 책에서 분갈이의 시기를 가을로 분류한 이유는, 실내라면 분갈이의 시기가 언제든 큰 문제가 없기 때문입니다.

한번은 카페에 갔다가 고무나무를 만났습니다. 나무가 멋있게 잘 자랐는데 잎이 떨어지고 있었어요. 분갈이할 때인가 싶었습니다. 주인에게 키운 지 얼마나 되었는지 물었더니 3~4년 되었다고 합니다. 분갈이해준 적이 있느냐고 물었더니 그러잖아도 해줘야 할 것 같아 내년 봄을 기다리고 있다고 합니다. 그때까지 기다리긴 힘들어 보여 바로 분갈이해주는 게 좋겠다고 말씀드렸습니다. 숨 막혀 어쩔 줄 모르는 상태라면 계절에 상관없이 바로 분갈이해야 합니다.

지름 20센티미터 이하의 작은 화분이라면 신문지나 비닐봉지를 깔고 분갈이해도 괜찮습니다. 먼저 식물을 화분에서 꺼낸 다음 뿌리에 남아 있는 흙을 살살 털어주세요. 새 화분의 물구멍을 양파망이나 그물망으로 막은 다음 굵은 돌을 깔아 배수층을 만들어줍니다. 공기가 잘 통해 식물 컨디션이 좋아지는 효과가 있어요.

배수층 위에 식물을 올립니다. 식물을 심을 흙의 표면보다 화분 가장자리가 더 높은 게 좋아요. 화분보다 흙의 표면이 높으면 물 줄 때마다 흘러넘쳐 스트레스가 됩니다. 배수층 굵은 돌을 덜어내며 흙의 높이가 화분 안쪽으로 내려오도록 표면의 높이를 맞춰 주세요. 그다음 식물과 화분 사이에 분갈이용 흙을 채웁니다.

분갈이에 쓸 흙은 살균소독되어 있는 분갈이 전용 흙을 권하고 싶습니다. 밖에서 퍼 온 흙은 해충의 알이나 병균이 옮아올 수 있어요. 피치 못한 경우 외부의 흙을 쓰고 싶다면 감자가 익을 정도의 온도와 시간만큼 흙을 구워주세요. 250도 오븐에서 40분 정도면 충분합니다. 오븐이 없다면 못 쓰게 된 프라이팬에 40분 정도 볶은 다음 사용해도 좋습니다. 1,000와트 전자레인지에 20분 정도, 700와트 전자레인지라면 30분 정도 돌려도 살균소독이 됩니다.

참고로 시중에 유통되는 흙은 크게 상토, 배양토, 분갈이 전용 흙으로 나눠 볼 수 있습니다. 상토는 코코피트가 주성분으로 보습이 잘 되는 흙입니다. 씨앗을 싹 틔울 때 사용합니다. 영양소는 거의 없습니다. 배양토는 부엽토, 모래, 퇴비 등이 섞인 흙으로 보습력과 배수성이 좋아 모종이나 꽃을 일정 기간 키울 때 사용합니다. 분갈이 흙은 관엽식물 분갈이용으로, 부엽토, 모래, 피트모스, 펄라이트, 흙이 골고루 섞여 있습니다.

뿌리와 줄기가 만나는 부분을 '지재부'라고 하는데 딱 그 선까지 흙을 맞춰주세요. 줄기가 흙에 묻히면 썩을 수 있고, 뿌리는 흙 밖으

로 드러나는 걸 좋아하지 않습니다.

흙을 손으로 꾹꾹 누르면 뿌리가 다칠 수 있으니 뿌리와 화분 틈새에 흙을 살살 쓸어넣는다는 마음으로 채워주세요. 화분 바깥을 손으로 탁탁 치면 흙이 알아서 빈 곳으로 찾아 들어갑니다. 흙 위엔 장식용 돌을 깔아주면 심미적으로 조금 더 아름답고, 물이 넘치지 않아 관리가 편합니다. 장식용 돌을 2센티미터 정도 덮어주면 작은뿌리파리의 번식을 막을 수 있는 장점이 있습니다. 아쉬운 점으로는 뿌리의 공기 정화 효과가 줄어듭니다. 그동안은 잎에서 공기를 정화하는 비율이 7, 뿌리에서 정화하는 것이 3 정도로 알려져 왔는데, 최근 농촌진흥청 연구 결과에 의하면 5 : 5 정도로 보인다고 합니다.

장식용 돌을 자루로 구매하면 가격이 저렴합니다. 저는 연두색과 흰색이 섞여 있는 자갈을 선호하는 편입니다. 식물의 잎이나 흙 색상과 잘 어울리기 때문입니다. 한 자루의 자갈은 양이 꽤 많아 다 사용하려면 시간이 오래 걸립니다. 그래서 두루두루 사용하는 편입니다. 배수층을 만들 때도 쓰고, 화분의 흙을 덮어줄 때도 씁니다. 수경재배할 때 화분 안에 넣어주기도 하고요.

분갈이가 끝나면 물을 흠뻑 준 다음 그늘에서 쉬게 해주세요. 분갈이 후에 더 잘 자라라는 마음으로 해가 잘 드는 곳으로 옮겨주는 경우가 종종 있습니다. 이건 피하는 편이 좋습니다. 마치 몸살감기를 앓고 있는 아이를 데리고 놀이공원에 가는 것과 비슷해요. 분갈이 후에는 식물이 쉴 수 있도록 바람이 잘 부는 그늘로 옮겨주는 편이 좋아요. 다시 기운을 차리고 새잎을 틔울 때 원위치로 돌려주면 됩니다.

키가 무릎 이상 되는 화분을 실내에서 분갈이할 때는 먼저 바닥에 돗자리를 깔아주세요. 신문지나 비닐봉지는 사용하지 않는 편이 좋습니다. 흙의 무게가 생각보다 상당해 신문지와 비닐봉지가 다 찢어집니다. 흙이 바닥으로 쏟아지는 대참사가 벌어지고 나면 수습할 생각에 머릿속이 하얘집니다. 돗자리를 이용하면 이런 사고를 줄일 수 있어요.

화분의 무게가 무겁다고 느껴질 땐 화분을 아래에서 위로 들어 올리는 행동은 피해주세요. 어깨와 허리에 무리가 올 수 있거든요. 화분이 무거우면 화분 옆에 돗자리를 펴고 식물을 눕힌 다음 꺼내보세요. 한결 수월합니다. 화분 안쪽은 작은 화분의 분갈이와 같은 방식으로 채워주면 됩니다.

크기가 큰 식물은 뿌리를 내릴 때까지 지지대를 세워주거나, 줄기와 화분을 끈으로 묶어 중심축을 세워주는 편이 안전합니다. 작은 흔들림에도 뿌리가 끊어질 수 있으니까요. 화원에 나무를 사러 갔을 때 빨간 노끈으로 화분과 줄기를 감아둔 것을 본 적 있을 거예요. 바로 그런 이유로 묶어준 것입니다.

분갈이라 하면 작은 화분을 큰 화분으로 옮겨주는 것이 일반적이지만, 때에 따라서는 같은 화분을 사용하게 될 때도 있습니다. 그 식물에 그 화분이 잘 어울려 꼭 그대로 쓰고 싶을 때나 식물을 키울 공간이 한정되어 있을 때 그렇습니다.

이 경우는 뿌리와 가지를 정리해 부피를 줄여줘야 합니다.

먼저 화분에서 뿌리를 꺼낸 다음 알코올로 소독한 가위로 뿌리를 잘라줍니다. 마른 뿌리나 썩은 곳이 있다면 그 부분을 먼저 잘라주세요. 가지와 잎도 정리합니다. 상층부와 하층부가 1 : 1의 비율이 되는 것을 이상적이라고 봅니다. 그다음 단계는 같습니다. 배수층을 만들고 식물을 중간에 세운 다음 식물 뿌리와 화분 사이에 새 흙을 채워주면 됩니다.

분갈이도 아이들과 함께 해보면 어떨까요? 물장난, 흙장난은 언제나 재미있는 놀이니까요. 흙을 많이 만질수록 건강에 도움이 될 거예요.

화분 고르기

실내에서 식물을 키우는 것을 '실내 가드닝'이라고 부릅니다. 실내 가드닝의 형태는 크게 세 가지로 나눠 볼 수 있습니다. 한 가지는 수경재배예요. 잎이나 가지를 솎았을 때, 줄기가 비실비실한 식물의 모체에서 떼어낸 새 줄기나 가지, 또는 멀쩡한 식물의 줄기를 똑 부러뜨렸을 때 일단 물에 꽂아둡니다. 파나 부추, 달래도 뿌리를 물에 꽂아보기도 해요. 이럴 때는 화분은 주방의 아무 그릇이나 써도 됩니다.

초록색 관엽식물을 투명한 유리병에 수경재배하면 청량한 느낌이 참 좋습니다. 변화를 주고 싶을 때는 유리병 속에 흙 색상을 닮은 세라믹 구슬을 넣거나, 새하얀 자갈을 넣어 색의 대비를 즐기기도 합니다. 손잡이가 있는 긴 주전자를 수경재배용 화분으로 활용하면 관리가 정말 편합니다. 화분은 두 손으로 들어 옮겨야 하지만 손잡이가 있으면 한 손으로 들고 옮길 수가 있기 때문이에요. 조금 더 아름답게 연출하고 싶을 때는 화병을 써도 좋습니다.

저면관수법은 앞서 설명한 것처럼, 화분 바깥을 구멍이 없는 화분으로 감싸서 아래쪽 뿌리부터 물을 흡수하는 방법입니다. 큰 물받침대를 사용하는 셈이에요. 저면관수법으로 식물을 키울 땐 주방에 있는 그릇도 활용도가 높습니다. 이가 나간 접시나 살짝 금이 간 밥공기를 화분 받침대로 사용하면 환경을 아끼는 셈입니다.

흙을 담는 화분은 소재와 형태에 따라 다양한 종류가 있습니다. 실내에서는 식물이 공기와 닿는 면적이 넓은 화분에서 자랄 때 상태가 좋습니다. 원기둥처럼 좁고 긴 형태보다 수영 튜브처럼 낮고 넓은 형태를 말합니다. 그런데 이런 화분은 바닥 면적을 많이 차지하니 발에 자꾸 채인다는 불편함이 있습니다.

식물을 심었을 때는 위로 긴 형태가 더 아름답게 느껴집니다. 그래서 좁고 긴 화분을 사용하게 되는데요, 이때 통기 층을 충분히 만들어주세요. 화분을 흙으로 가득 채우면 통기가 어려워 식물의 상태가 나빠집니다. 긴 도자기 화분에 담긴 아왜나무 세 그루를 분갈이해 데려오며 화분 전체를 흙으로 가득 채웠던 적이 있습니다. 숨을 쉬지 못해 서서히 말라가다 기어이 떠나가고 말았어요.

긴 화분을 보면 안쪽에 반쯤 스티로폼으로 채워져 있는 것을 관찰할 수 있습니다. 오히려 그때 식물 컨디션이 좋습니다. 스티로폼은 환경에 해로운 물질이지만, 이미 생산된 스티로폼을 재활용하니 환경에 미안함이 조금 덜합니다. 스티로폼은 화분의 무게를 줄이고 통기성을 높여준다는 면에서 식물에게도 도움이 됩니다. 식물에게는 정화 능력이 있으니 너무 걱정하지 않아도 됩니다.

입구가 좁아지는 항아리 형태의 화분도 만날 수 있습니다. 이 화분을 분갈이하려면 화분을 깨야 합니다. 그래도 덩굴식물에는 잘 어울리니 고려해보세요.

작은 식물일수록 토분에서 키우는 편이 좋습니다. 실내는 식물이 살기 좋은 조건이라 하기 힘듭니다. 아직 어린 식물은 환경 변화에 민감하므로 토분을 사용하면 호흡을 잘할 수 있도록 도와주는 셈입니다. 분갈이할 때 보면 토분에서 자란 식물들의 실뿌리가 더 잘 자라 있는 것을 관찰할 수 있습니다.

1미터 이상의 큰 식물이라면 플라스틱 화분을 사용해도 좋습니다. 식물의 무게와 흙의 무게, 화분의 무게가 더해지면 관리가 어려워지기 때문입니다. 이미 그 정도로 자란 식물은 맷집이 생겨 환경 변화에 견디는 힘도 강합니다.

큰 화분도 바퀴 달린 화분 받침을 사용하면 원하는 곳으로 쓱쓱 이동시켜 햇빛을 한 줌이라도 더 쬐어줄 수 있어요. 사각형 화분에는 사각형 받침을, 원형 화분에는 원형 받침을 사용하면 시각적으로 정리된 모습을 연출할 수 있습니다. 받침 색은 화분 색과 비슷한 색상으로 골라주세요.

다람쥐와 나눠 먹어요

아파트 단지에서 산책로로 나가는 까만 철문의 버튼을 누르고 딸깍 열리면 끼이이익 소리가 나지 않도록 바깥쪽을 향해 천천히 밉니다. 문을 통과하는 순간 오솔길을 탐색하는 탐험가가 됩니다. 빨갛게 물든 단풍나무가 반기는 산책로를 향해 달려 나갑니다.

아침의 산길에는 한바탕 쏟아진 비가 노랑, 갈색, 적갈색 나뭇잎을 떨어뜨려 그림을 그려놓았습니다. 비에 젖은 숲의 공기가 코를 지나 폐로 스밉니다. 숨을 흠뻑 들이마셔 폐가 풍선처럼 빵빵하게 부풀도록 공기를 가득 채워넣어요.

뒷산이 베푸는 혜택에 감사합니다. 이 공기를 만들려면 이만한 산과 나무가 필요하니 경제적으로 환산하면 어마어마한 비용이 필요할 거예요. 오락가락하는 비 때문인지 길에 아무도 없습니다. 홀로 누리는 호사. 몸과 마음이 한껏 채워지는 느낌이 듭니다.

오랜만에 산길을 달렸습니다. 찜질방처럼 후끈후끈하던 여름 숲의 열기와 물기가 모두 가시고 가을이 한가운데 와 있었어요. 가지마다 나뭇잎이 떨어져 하늘이 더 넓게 눈에 들어왔고, 바싹 마른 나뭇잎은 바람에 바스락 소리를 내며 굴렀습니다.

나뭇잎이 사라진 계단 아래서 엄지손톱만큼 자란 도토리를 발견했어요. 눈으로 잠깐 보고 지나는데 동글동글한 귀여운 도토리 덕분에 빙긋 웃음이 나왔습니다.

밤나무 아래 산비탈에는 발 디딜 틈 없이 밤송이가 떨어져 있었습니다. 밤송이가 산길에 툭툭 떨어진 것이 갈색 물방울무늬를 만든 것처럼 보입니다. 벌어져 있는 밤송이 사이로 밤이 보이지 않았습니다. 다람쥐가 다 가져간 걸까요?

언덕 너머 밤나무에서는 밤송이가 탁탁 벌어지는 소리가 들립니다. 땅에는 떨어진 알밤도 보여요. 엄지손톱만 한 알맹이를 골라 두 알 주워 손에 들었습니다. 어느새 일곱 알이 되었어요. 그 정도라면 다람쥐와 청설모도 나눠줄 것 같아요.

산길을 조금 더 달리는데 한 쌍의 부부를 만났습니다. 아내는 길에 서 있고, 남편은 산비탈에서 흰 비닐봉지를 들고 밤을 주워 담고 있었습니다. 10리터 정도 되어 보이는 하얀 봉투가 밤으로 가득 차 묵직합니다. 분명 현수막에는 다람쥐가 먹을 수 있도록 도토리와 밤을 양보해달라는 당부와 함께 산에서 채취하는 건 불법이라는 안내문이 붙어 있었습니다.

화분에서 키우던 루콜라를 나비 유충이 몽땅 다 먹어버렸을 때의 분노가 생각납니다. 도토리와 밤을 싹 다 주워가면 숲속 동물들도

그렇지 않을까요. 가뜩이나 겨울은 산속 생명체가 지내기 가혹한 계절이거든요.

주워 온 알밤을 주머니에서 꺼내 식탁에 올려두었는데 하루 이틀 사이 단단하게 말랐어요. 그렇게 빨리 마를 줄 몰랐습니다. 뭔가 미안한 마음이 들어 칼로 껍질을 벗겨 노란 알맹이만 꺼내 입안에 넣고 씹었습니다. 이미 말라붙은 밤은 혹시 이를 다칠까 싶을 만큼 단단하게 말라 있었지만 그대로 삼켰습니다.

남은 여섯 개는 밤사이 어디로 사라졌는지 모르겠습니다. 내심 짚이는 구석이 있습니다. 고양이는 테이블 위에 놓인 작은 물체를 발로 톡톡 쳐 바닥으로 떨어뜨리는 습성이 있습니다. 앞발로 아이스하키 퍽처럼 뭔가를 탁탁 치며 재빨리 몸을 날리며 바쁘게 왔다 갔다 합니다. 그러다가 그 물체가 가구 틈새에 끼거나 매트 아래 들어가면 아쉬운 표정으로 꺼내려고 노력하다 물러납니다.

아마 알밤도 그렇게 되었을 것 같아요. 주워오지 않았으면 다람쥐가 맛있게 먹었을 텐데 괜한 욕심을 부렸나 미안해집니다.

Play 9. 나뭇잎 탁본 만들기

날씨가 추워지면 나무는 겨울을 나기 위해 온 에너지를 끌어모읍니다. 나무는 잎맥을 막아 잎으로 가는 에너지 흐름을 차단하면서 잎의 색이 달라지기 시작하는데 그게 바로 단풍입니다. 낙엽은 나무가 떨켜를 만들어 단풍 든 잎을 떨어뜨리는 것입니다. 가을의 낙엽은 숨이 막히게 아름답습니다.
산책하며 마음에 드는 잎을 모아보세요. 많이 모아도 좋습니다. 말린 잎을 펴려면 무거운 책 사이에 끼워두면 평평하게 마릅니다. 마른 나뭇잎을 깔고 한지를 덮은 다음 물감을 묻혀 찍어보세요. 잎맥이 선명하게 드러나는 탁본이 만들어질 거예요. 크레파스를 옆으로 눕혀 문질러도 비슷한 효과를 낼 수 있습니다.

나뭇잎으로 만든 탁본을 붙여주세요!

Play 10. 나뭇가지로 액자 만들기

가을의 나뭇가지는 물기가 말라 잘 부러지기 때문에 산책길에서 부러진 나뭇가지를 자주 만날 수 있어요. 산책 후 모아온 나뭇가지와 나뭇잎을 이용해 액자를 만들어봅니다. 오래 사용해 지루해진 액자를 이용해도 좋고, 널빤지를 이용해도 좋습니다.

나뭇가지를 잘라 가장자리에 붙여주세요. 글루건을 이용하면 잘 붙일 수 있어요. 액자 안쪽에는 나뭇잎을 이용해 장식합니다. 가을의 한 장면을 담아두기 충분합니다. 봄, 여름에 말려둔 꽃을 활용해 작은 꽃다발을 만들어보세요. 함께 장식해도 좋습니다.

액자 사진을 붙여보세요.

지름 45센티미터 테이블로 만드는 나만의 정원

정원을 공부하다 보면 만나는 이름이 있습니다. 거트루트 지킬입니다. 영국에서 1843년부터 1932년까지 살았던 인물로, 화가였지만 어쩐지 그림보다 정원 예술가로 이름이 더 알려진 것 같습니다. 그가 초본식물을 이용해 만든 정원은 마치 그림처럼 화려했거든요.

400곳이 넘는 정원을 설계한 정원 디자이너고, 51년 동안 정원에 관한 책 15권을 썼으며, 1,100편이 넘는 글을 발표한 작가이기도 합니다. 궁금해진 저는 거트루트 지킬에 관해 몰아 읽기를 시작했습니다. '몰아 읽기'란 관심 있는 주제의 책을 한꺼번에 읽는 제 방식의 독서법입니다.

《지킬의 정원》이라는 책에서 거트루드는 아이들에게 자기 몫의 꽃밭을 주라고 이야기합니다. 이미 잘 가꾸어진 꽃밭 한쪽을 떼어 아이가 스스로 돌볼 수 있게 하라고요. 그편이 훨씬 재미있으니까요. 직접 씨앗을 뿌리고 꽃을 피울 때까지 기다리는 건 너무 지루해 아이가 흥미를 잃어버릴 가능성이 커진다고 합니다.

땅이 없어도 주택에 살지 않아도 자기만의 정원을 가질 수 있습니다. 식물을 돌보고 가꾸고 교감하는 곳이라면 모두 정원이니까요. 실내에서 2만 원짜리 철제 테이블에도 나만의 정원을 만들 수 있습니다. 제가 주로 사용하는 것은 이케아의 글라돔 철제 트레이 테이블입니다. 지름 45센티미터라 데드 스페이스를 활용하면 불편하지 않습니다. 다양한 색상이 있어 집 안 분위기에 맞춰 준비할 수 있습니다. 도장이 두꺼워 녹슬지 않으므로 식물을 키우기 적합합니다. 흰색이나 녹색, 나무색이 잘 어울립니다. 트레이에는 약간의 턱이 있어 화분 밖으로 물이 흘러 나와도 바깥으로 넘치지 않아 관리가 편합니다.

테이블 위에 식물을 올려 그대로 키울 거예요. 아이 마음에 드는 식물로 잔뜩 고릅니다. 지름 10센티미터짜리 비닐 화분은 15개까지 올릴 수 있지만 여덟 개 정도라면 충분합니다. 여유 공간이 있는 편이 관리하기에도 편합니다. 그 정도면 3만 원 안쪽에서 해결할 수 있을 거예요.

다양한 색상을 섞으면 보기에 더 좋습니다. 핑크 싱고늄, 아글라오네마 품종 중 오로라, 홍공작 만냥금, 레드스타는 공기 정화 식물이면서 붉은 계열의 잎을 갖고 있어 꽃밭 같은 실내 정원을 만들 수 있어요. 꽃을 보고 싶다면 제라늄을 추천합니다. 그 사이사이에 맥문동이나 아스파라거스처럼 잎의 질감이 다른 식물을 섞어줍니다. 혹시 이런 선택을 하지 않더라도 식물을 고를 때는 아이의 취향을

존중해주세요. 좋아하는 식물을 키울 때 오래 함께할 가능성이 커집니다.

실내에 머무는 시간이 길어지는 가을, 꼭 권하고 싶은 활동이에요.

아이의 원예용 도구는 분무기, 가위, 물뿌리개면 충분합니다. 가위는 문구용 안전가위를 사용해도 문제없습니다. 노란 잎이 생기거나 잎 색깔이 변할 때 가위로 바로바로 잘라줍니다. 아이 스스로 할 수 있어요. 가위 날에 식물의 습기가 묻으면 금세 녹스니 날에 식용유를 바른 다음 닦아주면 오래 사용할 수 있습니다. 사용한 다음엔 가위 날을 벌려 말려주세요.

분무기는 식물 잎에 물을 뿜어주는 용도입니다. 방울이 크게 맺히면 마룻바닥을 적셔 상하게 할 수 있으니 입자가 곱게 뿜어지는 것으로 골라주세요.

아이가 사용하는 물뿌리개는 뚜껑에 배출구가 있는 기름병 형태를 권하고 싶어요. 1리터 용량을 고르면 한 번 물을 채웠을 때 식물 여덟 개에 물을 줄 수 있을 거예요. 우유 팩이 보통 1리터이니 아이들도 그 정도는 들고 나를 수 있습니다. 가위, 분무기, 물뿌리개 모두 테이블에 S고리를 걸어 수납합니다.

봄이 되면 비료를 섞어 물을 줍니다. 실내에서는 유기비료보다 화학 비료를 추천하고 싶고, 저는 '바이오가든'을 씁니다. 쌀 씻은 물이나 우유갑 헹군 물, 고기의 핏물 뺀 물을 주어도 식물이 잘 자랍니다. 생명의 소중함을 느낄 수 있을 거예요.

식물이 주는 이완의 시간

100여 평 단독주택에서 식물 200여 개와 함께 5년 동안 살았습니다. 실내 식물은 주로 관엽식물로, 늘 초록 잎을 보여줍니다. 어느 순간 초록 일색인 실내에서 지루함을 느꼈습니다. 식물이 뿜어내는 다양한 색상을 보고 싶었어요. 《호미》 속 박완서 선생의 사계절 내내 꽃피는 정원이 부러웠는지도 모르겠습니다. 집에 있는 작은 마당에 선생처럼 살구나무를 심고 꽃을 심어 정원을 만들었습니다.

꽃대 끝을 따라 마법사의 모자 모양으로 작고 향기로운 꽃을 피우는 설유화, 가지 끝에 솜사탕같이 큰 꽃을 피우는 목수국, 보라색 작은 꽃 사이로 샛노란 꽃술이 보이는 붓들레아, 연보라색과 남보라색 꽃을 피우는 쑥부쟁이, 분홍색 층층이꽃을 데려왔습니다.

겨우 손바닥만 한 정원이지만 꽃을 품은 땅은 계절의 변화를 담으며 살아 움직였습니다. 만물이 깨어나는 봄에는 살구나무가 피우는 꽃으로 시작해 향기가 진한 설유화로 넘어가고, 여름의 시작과 동시에 꿀처럼 단내를 풍기는 붓들레아 향이 코끝을 살살 간지럽혔습니다. 가을엔 초록에서 샛노랗고 새빨간 잎으로 변하는 단풍나무가 있었습니다. 겨울엔 목수국 위로 내려앉은 눈꽃에 햇살이 부딪혀 다이아몬드처럼 빛났어요.

그와 동시에 잡초를 뽑는 숙제가 생겼습니다. 잡초는 꼭 해충처럼 느껴집니다. 여름에는 자고 일어나면 풀이 한 뼘씩 자라 서늘한 기운을 뿜었어요. 바쁜 일상을 보내며 잡초를 뽑는 일은 스트레스가 되었습니다. 20리터 종량제 봉투를 들고 집 가장자리의 잡초를 정리하다 보면 금세 봉투 하나가 꽉 찹니다. 아무리 좋아서 하는 일이라도 더운 날씨에 땀을 뻘뻘 흘리며 잡초를 뜯다 보면 마음속 저 깊은 곳에서 부아가 났습니다.

크고 아름다운 정원은 손이 많이 갑니다. 도시에서 분 단위, 초 단위로 잘라 쓰며 바쁜 일상을 보내는 현대인에게 관리가 필요한 커다란 정원은 또 다른 책임감을 느끼게 하는 부담스러운 요소가 될 수 있습니다. 그래도 그 이유로 정원을 포기하긴 이릅니다. 인간에겐 정원이 꼭 필요하기 때문입니다.

자연 속에서 인간은 신경계를 이완시키고 마음이 침착해지며, 뇌에서는 알파파를 만들어 집중력을 높입니다. 삶의 효율을 높이기 위해서는 자연 속에서 보내는 쉼의 시간, 이완의 시간이 필요한 것입니다. 24시간 도시에서 생활하는 현대인에게는 이런 시간이 부족합니다.

《공간이 사람을 움직인다》에 따르면, 인간의 뇌는 창이 없이 밀폐된 공간에 있을 때 숲의 '영상'을 보기만 해도 마치 숲속에 있는 것처럼 반응한다고 합니다. 자연을 누릴 마땅한 공간이 없다면 새소리 물소리가 들리는 숲 영상이라도 보는 편이 좋습니다.

재미있는 사실은, 창밖으로 실물 자연이 조금이라도 보인다면 인간의 뇌는 영상에 전혀 반응하지 않는다고 해요. 인간의 뇌는 작은 정원에서도 자연 속에 있는 것처럼 느낀다고 유추해볼 수 있습니다.

그러니 정원의 크기는 그다지 중요하지 않다는 걸 알 수 있습니다. 그저 지름이 45센티미터 정도 되는 테이블에 좋아하는 식물을 다섯 개 모아 키우는 것만으로도 우리의 뇌는 마치 정원에 있는 것처럼 여깁니다.

프란츠 카프카, 밀란 쿤데라와 함께 체코를 대표하는 세계적인 작가 카렐 차페크는 《정원가의 열두 달》이라는 책에서 이렇게 말합니다. "인간은 손바닥만 한 정원이라도 가져야 한다. 우리가 무엇을 딛고 있는지 알기 위해서는 작은 화단 하나는 가꾸며 살아야 한다." 식물을 돌보고 키우는 건, 삶을 위해 꼭 필요한 일입니다. 아이 방에도 작은 정원 하나 만들어 함께 가꿔주면 어떨까요?

Play 11. 화분 장식용 돌 꾸미기

그럼 이제 45센티미터 테이블 정원을 아름답게 가꿔볼까요. 가운데는 키가 큰 식물을, 가장자리는 키가 작은 식물을 배치하는 편이 아름답고, 빛도 골고루 도착해 식물 생장이 좋아집니다. 동그란 자갈을 구해봅니다. 자갈에 아크릴 물감과 크레파스를 이용해 그림을 그린 다음 테이블 정원에 함께 배치해보세요. 정원에 정답은 없습니다. 내가 아름답다고 느끼는 그 지점을 자유롭게 표현하면 됩니다. 아이에게 "어떻게 그런 생각을 했어?"라고 물어보면 대화를 연결하기 좋을 거예요.

그림을 그린 돌, 색칠한 돌을 사진으로 남겨주세요.

Play 12. 식물 이름표 만들기

지구에는 70만 종의 식물이 살고 있다고 합니다. 그러니 지금 이름을 기록해두지 않으면 금세 잊어버려요. 식물이 처음 집에 왔을 때 이름표를 적어주는 습관을 들이면 좋습니다.
일회용 아이스크림 숟가락, 사용하지 않는 찻숟가락, 아이스크림에 꽂혀 있는 나무 막대기를 씻어 활용해보세요. 숟가락이나 막대기도 꾸며도 좋습니다. 입지 않는 옷의 단추를 떼어 보관해두었다 글루건으로 붙이면 아트피스 같은 이름표를 만들 수 있어요. 펜촉이 가는 네임펜을 활용하면 글씨를 쉽게 쓸 수 있을 거예요.

장식용 돌과 이름표로 꾸민 45센티미터 테이블 정원을
사진으로 기록해보세요!

식물을 가까이하면 꿀잠 잘 수 있어요

매일 아침 침대에서 눈을 뜰 때는, 별다르지 않은 비슷한 아침이라고 생각되는데 몸의 상태는 날씨처럼 미묘하게 다른 것 같아요. 컨디션을 정확하게 파악하려면 매일 아침 같은 행동을 하며 걸리는 시간을 점검해보면 좋습니다.

저는 아침에 일어나자마자 A4 크기의 무지 연습장에 글을 씁니다. 한 쪽에 열여섯 줄씩 세 쪽을 쓰면 20분 정도 걸려요. 빠른 날은 19분, 조금 늦는 날은 23분까지 걸립니다. 겨우 1분에서 3분 차이지만 비율로 환산해보면 5에서 15퍼센트입니다. 오늘은 딱 20분 걸린 평범한 날이었습니다.

컨디션에 가장 크게 영향을 미치는 것은 아무래도 수면의 질입니다. 가을과 겨울에는 일조량이 적어지며 계절성 불면증이 생기기도 합니다. 사람도 햇빛을 덜 보면 비타민 D 합성이 줄어들어 체내에 비타민 D가 부족해지게 되는데, 이 영양소는 수면의 질에 영향을 미칩니다.

밤에 잠을 잘 이루지 못하는 아이들은 실외 운동량을 조금 더 늘려보세요. 햇빛이 가득한 낮에 산책로나 산에서 뛰노는 것이 좋습니다. 가능하면 오전에 햇볕을 쬐는 편이 좋고요. 햇빛을 흡수해 비타민 D를 생산하는 데도 시간이 필요하니까요. 하루 20분 햇빛을 보며 운동하는 것만으로도 대부분의 수면 장애, 우울증을 낫게 할 수 있습니다.

오경아 작가의 《안아주는 정원》을 읽다가 재미있는 이야기를 발견했습니다. 최근 영국에서는 의사들이 공식적으로 진통제 대신 일주일에 두 번 공원 걷기, 일주일에 세 번 정원 일하기를 처방할 수 있다고 합니다.

날씨가 추워지는데 무슨 실외 운동인가 싶지만, 〈아시아경제〉의 2013년 3월 2일 자 기사에 의하면, 북유럽에서는 영하 15도에도 아이를 유모차에 태워 밖에서 낮잠을 재운다고 합니다. 핀란드에서는 연구를 통해 아이들이 낮잠을 자기에 적당한 온도는 영하 5도라는 결과를 내놓기도 했습니다. 북유럽에서는 밖에서 차가운 공기를 마시는 것이 건강에 도움이 된다고 믿습니다.

자기 전에 마그네슘, 칼슘, 아연, 비타민 D 혼합제제를 먹는 것도 도움이 됩니다. 마그네슘은 신경의 흥분도를 떨어뜨리는 작용을 합니다. 겨울에 실내 생활이 길어져 비타민 D가 부족해진 아이들에게 보충제로 마그네슘과 칼슘, 비타민 D 혼합제제를 먹이면 뼈 건강에도, 숙면에도 도움이 될 거예요.

실내에 식물을 키우는 것도 좋습니다. 낮 동안 식물은 산소를 공급해줍니다. 체내 산소포화도가 높으면 피로를 덜 느끼고 컨디션이 좋아집니다.

식물이 밤에 뿜는 이산화탄소의 양이 걱정되는 분들도 있을 것 같아요. 《실내 식물 사람을 살린다》라는 책에서 손기철 박사는 밤에 뿜는 이산화탄소의 양은 미미하므로, 실내에 식물은 많을수록 좋다는 견해를 밝힙니다.

식물에서 추출한 천연 아로마 오일을 써도 좋습니다. 다만 천연 향료인지 확인해주세요. 아로마 오일은 약으로도 사용하는 소중한 물질입니다. 그래도 하루 두 방울 미만으로 사용하는 게 좋다고 합니다. 잠이 잘 오는 성질을 가진 아로마 오일을 섞어서 사용하는 방법도 있습니다. 저는 향기작가 한서형의 숙면용 아로마 오일, 아로마티카의 오일을 자주 씁니다.

침대 위에 올려두고 사용할 수 있는 작은 안마기도 도움이 됩니다. 안마기 위에 다리를 올리고 노란색 전구를 낀 스탠드 아래서 아주 졸린 책을 읽으면 잠이 금세 쏟아집니다. 15분씩 두 번 작동하는 사이 어김없이 잠이 듭니다. 이 마사지는 다리 뒤편의 셀룰라이트를 제거하는 효과도 있어요.

가을부터 준비하는 봄

2020년 4월, 벚꽃이 지던 즈음 달리기를 시작했습니다. 2022년 1월 기준 누적 기록이 1,352킬로미터입니다. 슬슬 3킬로미터를 달리고, 시간이 있을 땐 그 2배를 달립니다. 달리기 전보다 달리고 난 다음 컨디션이 훨씬 더 좋으니 자꾸 달리게 됩니다. 처음에는 일부러 시간을 만들어 달렸지만, 지금은 하루 중 아무 때나 달리기를 끼워 넣을 만큼 친해졌어요.

땀이 줄줄 흐르는 여름에는 해가 뜨기 전 새벽을 노렸어요. 추울 때는 반대로 해가 더 많이 보이는 시간대를 고릅니다. 운중천을 달리며 여름이라고 모두 푹푹 찌는 여름만 있는 건 아니고, 겨울이라고 꽁꽁 어는 추위만 있는 게 아니라는 걸 알았습니다.

추위를 많이 타니 잔뜩 껴입습니다. 몸에 착 달라붙어 찬바람이 들어오지 않는 얇은 기능성 내의를 입고, 레깅스 안으로 집어넣습니다. 그 위에 목이 긴 후드 셔츠를 입고, 머리에 후드를 써 코 아래까지 올려 끈을 묶습니다. 까만 텔레토비가 됩니다. 그 위에 얇은 다운 재킷을 껴입고, 그다음 엉덩이가 가려지는 바람막이 재킷을 입습니다. 그렇게 껴입고도 조금 추운가 싶은데, 길에서 만나는 러너들은 여전히 반소매에 반바지 차림입니다. 백발의 할아버지들이 얇은 옷을 입고 달리는 걸 보면 존경심이 듭니다.

부지런한 구청 공원관리과에서는 벌써 길가의 잡초들을 베어 땅을 덮어두었습니다. 땅의 온도가 따뜻할 때 미생물의 활동이 활발하고 공기를 품은 건강한 흙이 되기 때문입니다. 그 풀숲에서 단체로 알이 부화했는지 아기 새들의 짹짹거리는 소리가 전교생이 함께 연주하는 캐스터네츠 합주처럼 들립니다.

여름엔 듣지 못한 소리. 아기 새 소리를 들으며 얼굴에 미소가 번지는 걸 느낍니다. 저 소리를 들으며 어미 새들은 먹이를 찾아 물어올 것입니다.

산책로를 달리며 유난히 눈길이 가는 나무가 있었습니다. 다른 나무들이 꽃을 피울 때 가만히 있다 그 꽃이 지기 시작하면 그제야 꽃을 피우는 대기만성형이었습니다. 모두 흰 꽃을 피우는데 홀로 진분홍 꽃을 피우고 있는 아웃사이더이기도 했어요. 그 나무가 달고 있는 이름표에는 '왕벚나무'라고 쓰여 있었습니다. 왕벚나무는 집에서 1.5킬로미터 지점에 있습니다. 그 나무에 마음이 끌려 인사하러 달렸고, 하이 파이브를 하고 돌아왔습니다.

왕벚나무는 봄에는 꽃비를 뿌려주고, 여름에는 촘촘한 잎으로 하늘을 가려 그늘을 만들어주었습니다. 잎이 하나둘 지기 시작하던 가을날이 지나고 그 많던 잎들이 모두 사라진 다음 앙상한 가지만 남았어요. 그 모습으로 한겨울을 맞는 나무가 안쓰러웠습니다. 하필이면 왕벚나무는 옆에 있는 나무들보다 키도 작고 왜소했어요.

가지를 쓰다듬으며 힘내라고 응원을 보내는데 처음 보는 뭔가가 눈에 들어왔습니다. 이게 뭐지? 가지 끝에 초점을 맞추고 뚫어져라 바라보았습니다. 꽃봉오리입니다. 잘못 봤나 싶어 눈을 크게 뜨고 다시 보아도 꽃봉오리입니다. 며칠 지나 보면 손톱 끝만큼 자라 있고, 며칠 지나면 또 손톱 끝만큼 자라 있었어요.

왕벚나무는 꽃이 지기 시작할 때부터 다음 봄을 준비합니다. 지난번 만났을 때보다 꽃봉오리 한 칸이 더 올라왔어요. 튼튼하게 봉오리를 올리고 있습니다. 지금은 다음 봄을 준비해야 할 때라고 말하는 것 같아요.

집에서 키우는 식물도 가을과 겨울에는 성장이 멈춰 과연 살아 있는지 고개를 갸우뚱하게 됩니다. 걱정하지 않아도 됩니다. 왕벚나무처럼 때가 되면 다시 새잎을 틔우고 힘차게 자랄 거예요.

초가을 9월

Eat 10. 바나나 컵케이크 만들기

바나나가 남았을 때 굽기 좋은 컵케이크예요. '오타와의 두 총각' 블로그에서 레시피를 보았고, 설탕을 조금 줄이고 바닐라 에센스를 더해 변형했습니다. 가을과 겨울은 체온을 유지하기 위해 에너지가 많이 필요해요. 갓 구운 바나나 컵케이크는 가을, 겨울 훌륭한 간식이 되어줄 거예요.

준비물

중력분 1 ¼컵, 베이킹파우더 1작은술, 베이킹소다 1작은술,
소금 약간, 설탕 ½컵, 바나나 3개, 바닐라 에센스 1작은술, 달걀 1개,
무염 버터 ⅓컵, 12구 머핀 틀, 머핀 종이컵

1. 볼 두 개를 준비합니다. 한쪽 볼에는 가루로 된 재료만 섞습니다. 밀가루, 베이킹파우더, 베이킹소다, 소금, 설탕이 한 세트입니다.
2. 다른 쪽 볼은 스테인리스 소재를 고릅니다. 무염 버터 ⅓컵을 녹입니다. 뜨거운 물에 중탕해도 되지만, 전자레인지 가장 낮은 단계에서 바로 데워도 큰 차이는 없습니다. 버터 한 덩어리는 약 454g으로 약 2컵입니다. 반을 자르면 1컵, 1컵을 ⅓로 자르면 됩니다.
3. 액체 상태의 버터에 실온의 달걀을 넣습니다. 차가운 달걀을 넣으면 버터가 다시 굳어버릴 수 있어요. '실온'이 중요합니다.
4. 3에 바닐라 에센스를 넣고 바나나 3개를 믹서로 갈아서 넣습니다. 바나나를 포크로 으깨도 되지만, 머핀을 입으로 베어 문 자리에서 보이는 길쭉한 섬유질이 시각적 피로를 줄 수 있어요. 믹서에 갈면 섬유질이 잘게 분해되어 보이지 않습니다. 바닐라 에센스는 풍미를 살릴 뿐 아니라 달걀 비린내를 잡아주니, 제빵에서는 달걀과 바닐라

에센스를 세트로 기억해두면 좋습니다.

5. 4에 1을 살살 붓고, 스패출러로 대충 섞어줍니다. 치대듯 섞으면 머핀의 식감이 질겨집니다. 가루가 보이지 않을 정도로 살짝 덮는다는 느낌으로 섞습니다. 건포도를 좋아한다면 이 단계에서 조금 넣어줘도 좋습니다.
6. 오븐을 180도로 예열하고, 머핀 틀에 머핀 컵을 끼운 다음 반죽을 아이스크림 스쿱으로 떠서 컵 안을 채웁니다. 딱딱 잘 떨어져 편리합니다. 스쿱이 없으면 볼째로 부어도 괜찮습니다.
7. 180도 오븐에서 25분 정도 구우면 완성입니다. 이쑤시개로 찔러 반죽이 묻어나지 않으면 잘 익은 상태예요. 머핀 틀에서 들어내 한 김 식힙니다. 머핀이 품고 있는 수분을 날려주는 게 좋아요.

12개 머핀이 나옵니다.
주의하세요.
한 판을 순식간에 다 먹을지도 몰라요.

가을 10월

Eat 11. 세상에서 가장 쉬운 파김치 만들기

하루는 이웃집에 초대를 받았습니다. 마침 친정엄마가 보내주셨다는 택배가 도착했어요. 나물과 김치가 살뜰하게 들어 있었습니다. 아침 식사를 한 지 얼마 지나지 않은 시간이었는데 밥상이 차려졌어요. 집주인의 권유에 못 이겨 파김치를 한 줄기 먹었습니다. 너무 맛있어서 염치 불고하고 밥에 파김치를 얹어 두 공기쯤 먹었습니다.

레시피를 받아두었어요. "마늘, 생강, 찹쌀풀 절대 넣지 말고, 고춧가루, 멸치액젓, 꿀을 1:1:1의 비율로 섞어 파에 묻히면 된다"였습니다.

그길로 장에서 깐 쪽파 반 단을 구매했습니다. 쪽파를 식초 물에 담가 씻고, 냉동고에 있던 고춧가루와 잡화 꿀, 멸치액젓을 양푼에 섞었습니다. 점도가 김칫소 정도로 느껴졌습니다. 씻은 파를 채반에 받쳐 물기를 쏙 뺀 다음 김치통에 파를 가지런히 담고 잘 섞인 양념을 얹었습니다. 아이들도 할 수 있는 아주 쉬운 레시피예요.

하룻밤 지나 파에서 나온 물이 잘박하게 파를 다 덮을 때쯤 뒤집으며 맨 아래쪽 한 줄기를 돌돌 말아 입안에 넣었습니다. 맛있었습니다. 아이 밥공기엔 가위로 자른 파김치 한쪽을 얹어 함께 먹었어요.

준비물

깐 쪽파 반 단, 고춧가루 1큰술, 멸치액젓 1큰술, 꿀 1큰술

1. 고춧가루, 멸치액젓, 꿀을 섞습니다.
2. 쪽파의 흰 부분을 칼로 콩콩 짓이겨 김치통에 담고, 흰 부분을 중심으로 섞은 재료를 바릅니다.
3. 물이 잘박하게 나오면 뒤집어줍니다.

파김치, 사진으로 남겨주세요.

「　　　」

세상에서 가장 쉬운 파김치, 맛은 어땠나요?

늦가을 11월

Eat 12. 생강청 만들기

재래시장에서 장 보는 것을 좋아합니다. 굳이 절기를 몰라도 우리 땅에서 자란 제철 식재료를 그때그때 만나볼 수 있기 때문입니다. 몇 년 전 가을에 엄마와 가락동 농수산물시장에 갔던 기억이 납니다. 엄마는 봉동 생강, 서산 생강이 좋다고 하십니다. 봉동 생강을 한 상자 사 와 친구들과 생강청을 담았습니다. 향이 진하면서도 부드러워 너무 맛있게 먹었습니다.
금세 떨어져 생강청을 구매했는데, 이상하게 텁텁하게 느껴졌어요. 내용물 표기에서 첨가물을 확인한 뒤에는 손이 가지 않았습니다.
가을에 넉넉하게 만들어두면 봄까지 알뜰하게 먹을 수 있어요. 따뜻한 물에 타서 레몬을 띄워 마셔도 좋고, 우유에 넣어 라떼로 즐겨도 좋습니다. 몸을 따뜻하게 해줍니다. 생강 향에 익숙해지도록 아이와 함께 만들어보세요.

준비물
생강 2kg, 설탕 1kg 정도

1. 생강 2kg을 물에 불려 껍질을 벗겨줍니다. 플라스틱 바구니에 넣고 문지르면 금세 벗길 수 있어요. 즙이 많은 햇생강을 구매해 만드는 편이 좋습니다.
2. 깨끗하게 씻은 생강을 착즙기에 넣고 즙을 내줍니다.
3. 생강즙을 시원한 곳에서 하룻밤 묵힙니다.
4. 녹말이 가라앉으면 냄비에 윗물만 따라 넣고 같은 양의 설탕을 넣어 약한 불에 졸입니다. 적당한 농도가 되면 완성입니다. 갈아 낸 생강엔 정종이나 소주를 부어 생강술을 만들면 알뜰하게 재활용할 수 있습니다. 생강 녹말은 말려 전분으로 사용해도 됩니다. 탕수육, 돈가스, 생선 구울 때 사용할 수 있어요.

생강청 만들기, 즐거운 시간을 사진으로 남겨주세요.

생강청, 맛은 어땠나요?

겨울

식물과 함께 사는 겨울

여전히 식물과 함께 삽니다

엄마가 레몬과 생강을 넣고 청을 만들어두었다고 가져가라고 연락을 주셨습니다. 그러잖아도 날씨가 추워지니 코끝에서 생강 향기가 솔솔 풍기던 참이었습니다. 이제 제가 해드려야 하는데, 또 엄마가 만들어두신 걸 냉큼 집어왔습니다. 엄마는 바쁜 큰딸이 애틋합니다. 청을 한 병 들고 나서는데, 냉장고 위에 무성하게 자란 스킨답서스가 눈에 들어옵니다. 잘 자라 줄기가 폭포처럼 냉장고 옆을 타고 내려오고 있었어요.

"엄마, 스킨답서스가 잘 컸네. 그런데 이렇게 위에서 아래로 내려오게 키우면 별로 좋지 않아요. 무의식에서 하강을 암시하게 되어서 운이 나빠진대."

"어, 그래? 그럼 어떻게 해야 해?"

"잘라서 또 심어주면 되는데… 어디 보자, 가위 있어요?"

이발한 스킨답서스가 굴비 한 두름만큼입니다.

"어이구, 시원하다."

"그렇지. 이걸 또 심어주면 또 자라."

"안 심을래."

"어, 그럼 제가 가져갈게요."

집에 와 스킨답서스 넝쿨을 10센티미터 간격으로 자릅니다. 마디마다 뿌리 한 개, 잎 한두 개 정도 붙어 있어요. 유리컵에 담아 주방 선반 위에 올렸습니다. 스킨답서스는 일산화탄소를 잘 제거하는 식물로 가스레인지가 있는 주방에 잘 맞습니다. 친정에서 부모님과 함께 살았던 스킨답서스는 이제 우리 집에서 저를 쳐다보고 있습니다.

여전히 실내 공기 정화 식물과 함께 삽니다. 지난 5년 동안에는 100평 가까운 단독주택에서 200여 개의 식물과 함께 살다가, 올봄 34평 아파트로 이사했습니다. 그동안 교육 현장에서 사람들을 만날 때마다 아파트에 살아서 식물 키울 곳이 없다고 하는 하소연을 많이 들었습니다. 정말 그럴까 궁금했습니다.

이사 후 6개월이 지난 시점에서 돌이켜보니 어떤 말은 맞고, 또 어떤 말은 보완할 방법이 있었습니다. 먼저 키가 1미터 이상 큰 나무를 많이 키우는 건 무리가 있습니다. 공동주택은 방, 거실, 주방 등 천장의 높이가 똑같아서 식물의 크기가 클수록 공간이 답답하게 느껴질 수 있습니다. 그럼 작은 식물을 많이 키우면 됩니다. 농촌진흥청 자료에 의하면 공기 정화 효과를 보기 위한 식물의 수량은 19.8제곱미터약 6평 거실을 기준으로 1미터 이상의 식물은 3.6개, 60센티미터 이상은 7.2개, 30센티미터 이상은 10.6개입니다.

거실에는 제 키만 한 아레카야자 두 그루와 그보다 조금 작은 마지나타 두 그루로 창 앞에 화단을 만들어주었습니다. 그 아래에는 45센티미터 트레이 테이블을 두어 작은 화초류를 올렸습니다. 맥문동, 접란, 올리브 나무, 시페루스, 에버 잼 고사리, 코다타 고사리, 앤슈리엄, 핑크 싱고늄과 공작 만냥금을 한데 모아, 초록색과 핑크색, 자주색이 보이도록 섞어주었습니다.

고양이 별이가 좋아하는 시페루스 네 포기를 초록색 화분에 담아 초록색 사료 트레이 뒤에 세워주었습니다. 소파 뒤에는 이케아 바리에라 플라스틱 바구니에 스파티필름을 담아 세 개를 세웠어요. 한 바구니에 다섯 개씩 들어가니 15개 정도 됩니다. 짝수보다는 홀수가 좀 더 아름답게 느껴지는 경향이 있어요. 거실에는 1미터 이상의 식물 네 개와 작은 화초류 34개가 있습니다.

주방엔 저면관수 하는 화분 세 개가 있습니다. 하늘거리는 아스파라거스, 대나무야자, 인도고무나무, 핑크 싱고늄, 팔라텀 고사리를 흰색 스틸 화분에 담아 12개를 배치했어요. 스투키와 수경재배하는 개운죽 유리병이 있고, 친정집에서 이사 온 스킨답서스까지 15개입니다.

방에도 식물을 다섯 개 이상씩 배치했습니다. 베란다에 포진한 식물들이 20여 개 되고, 욕실에도 있으니 얼추 100여 개 되는 듯합니다. 그렇다면 단독주택에 살 때보다 공동주택에 살고 있는 현재가 면적 대비 식물 수가 더 많은 것 같아요.

식물과 함께 사는 삶은 꼭 장소의 문제는 아닌 것 같습니다. 《우리 집이 숲이 된다면》을 보고 식물을 키우기 시작한 베리북 출판사 대표 송사랑 님은 130여 개의 식물과 함께 살고, 식물 제자이자 독립한 마케터 정혜윤 님은 14평 원룸 오피스텔에서 40여 개의 식물과 함께 삽니다. 사실 몇 평에 몇 개냐가 뭐 그리 중요한 일일까요.

식물은 한 개든 두 개든 그저 아낌없이 넉넉하게 베풀어줍니다. 24시간 초록을 주고, 산소를 뿜고, 음이온을 나누어줍니다. 식물과 함께 사는 이로움을 피부로 느낄 때, 더 적극적으로 변합니다. 식물을 하나도 안 키우는 사람은 있어도 한 개만 키우는 사람은 없는 이유가 여기에 있지 않나 합니다.

DESIGNER
APARTMENTS

작은 집에서 식물을 많이 키우려면

우리가 생활하는 공간은 정해져 있습니다. 재미있는 건 집이 크든 작든 항상 좁게 느낀다는 사실입니다. 누구나 작게 여기는 공간에서 식물을 조금이라도 더 많이 키우려면 어떤 방법이 있을까요?

일단 사용하지 않는 살림살이는 모두 걷어 정리하는 편이 좋습니다. 이건 풍수지리에서도 중요하게 생각하는 요소입니다. 살림살이가 많으면 공기의 흐름이 막힙니다. 공기는 계속 흘러야 해요. '통기通氣'란 공기가 흐른다는 말입니다. 공기가 흐를 때 운도 좋아집니다. 운運에는 움직인다는 의미가 있습니다.

살림살이를 비운 다음 공간을 살펴보세요. 죽어 있는 공간들이 보일 거예요. 주로 먼지가 쌓이는 공간이 죽어 있는 공간입니다. 바람이 통하지 않고, 사람의 손길이나 발길이 닿지 않기 때문에 먼지가 쌓입니다.

대표적인 곳이 벽과 바닥이 만나는 공간입니다. 벽으로부터 약 10 센티미터 정도 될 거예요. 이 공간에 스파티필룸 수경재배 화분을

키우면 공기 정화 식물을 정말 많이 키울 수 있습니다. 동선을 막지 않으니 불편함을 전혀 느끼지 못할 거예요. 화분을 놓은 다음 먼지를 관찰해보세요. 거의 사라집니다.

《우리 집이 숲이 된다면》을 출간한 뒤에 책의 93쪽에 있는 사진 속 화분을 만들어 거실 벽면, 현관 앞을 장식한 분들의 사진을 실제로 인터넷을 검색해서 확인할 수 있었습니다. 관리가 정말 편리하고, 공기 질도 좋아져 공기청정기가 덜 돌아간다고 말씀해주셔서 큰 보람을 느꼈습니다.

한 개의 화분에 식물 다섯 개, 약 3만 원 정도의 비용이면 24시간 동안 산소와 음이온을 뿜어주는 천연 공기청정기가 생깁니다. 그렇게 5년 넘게 키울 수 있습니다. 식물은 계속 자라니 효과는 점점 더 좋아집니다.

벽과 벽이 만나는 모서리에도 먼지가 많이 쌓입니다. 이 공간은 지름 30에서 40센티미터 정도의 큰 화분을 배치해도 좋습니다. 키가 천장에 닿을 정도로 큰 식물은 풍수에 좋지 않다고 합니다. 공기의 흐름도 막히고, 답답함을 줍니다. 너무 큰 식물은 관리도 어려우니 150센티미터 내외의 식물이 적당합니다. 식물은 호흡하며 공기 중 먼지를 제거하고 산소를 만들어 공기의 흐름을 만드니 풍수에 도움이 됩니다.

바닥 면적이 좁을 땐 벽면을 활용해보세요. 실크 벽지에는 '꼭꼬핀'을 활용하면 벽걸이용 화분을 걸 수 있습니다. 양면테이프와 벽에 붙일 수 있는 고리를 활용하면 벽 손상 없이 걸 수 있어요. 사다리 형태의 선반을 이용해도 좋습니다.

작은 유리병을 사용하면 좁은 공간에서 식물을 많이 키울 수 있습니다. 세면대 위만 해도 다섯 개 정도 금세 올릴 수 있습니다. 뿌리를 흙에 심은 식물이 공기 정화의 효과는 가장 좋지만, 수경재배하는 식물도 공기를 정화합니다.

기존에 키우는 대형 화분의 흙 위쪽을 활용해 식물 수량을 늘리는 방법도 있습니다. 화분에 심긴 식물의 줄기를 둘러싸고 흙 위에 10센티미터짜리 작은 화분을 올려 그대로 키워도 됩니다. 30센티미터 화분이라면 5~6개 정도는 더 올려 키울 수 있습니다. 이름하여 '캥거루 농법'입니다.

원룸에 거주한다면 창 근처를 활용해보면 어떨까요? 커튼레일을 설치하는 커튼 박스는 보통 깊이가 20센티미터 내외입니다. 그곳에 커튼레일을 이중으로 설치하는 거예요. 안쪽 커튼레일은 커튼 대신 식물을 거는 용도입니다. 저면관수 하는 벽걸이 플랜트를 S자 고리로 걸면 창에서 빛을 받으니 식물 생장에도 도움이 됩니다. 미세먼지도 많고, 실내 생활이 길어지는 겨울이야말로 식물이 많을수록 좋아요.

플랜테리어는 가구에서 시작됩니다

10년 정도 인테리어 디자이너로서 아파트 리모델링 비즈니스를 한 경험이 있습니다. 리모델링을 진행하기에 앞서 꼭 클라이언트와 함께 현장을 확인한 다음 업무를 시작했습니다. 답은 현장에 있는 경우가 많기 때문입니다.

일반적으로 아파트는 수납을 위해 방마다 붙박이장을 설치합니다. 붙박이장은 벽에 딱 붙게 시공하는 장으로, 높이는 바닥부터 천장 끝까지입니다. 거실이나 주방 벽면 전체를 붙박이장으로 처리하기도 합니다. 클라이언트의 집을 방문해 붙박이장을 열어보면 보통 맨 위쪽 칸 약 40센티미터 정도의 용도가 애매하다는 사실을 발견할 수 있었습니다. 손이 잘 닿지 않으니 받침대를 놓고 올라가 수납을 해야 합니다. 물건을 들고 두 손을 사용하지 못하는 상태에서 받침대를 오르내리는 행동은 위험합니다. 실제로 발을 헛디디거나 넘어져 다치는 경우도 종종 있습니다.

겨우겨우 무언가를 올렸다고 해도 내용물이 무엇인지 잘 보이지 않으니, 보통 활용도가 가장 낮은 물건들이 그 자리를 차지합니다. 주로 유행 지난 가방, 모자를 비롯한 잡동사니가 올라가게 되어요. 아마 몽땅 사라진다 해도 무엇이 있었나 기억하지 못할 거예요. 아예 비어 있는 경우도 많고요. 이렇게 있으나 마나 한 공간을 데드 스페이스라고 부릅니다. 낮은 가구를 사용하면 이 공간을 살릴 수 있습니다.

보통 아파트는 바닥부터 천장까지의 높이가 230센티미터 안팎입니다. 붙박이장 대신 180센티미터 높이의 수납장을 이용하면 가구 끝에서 천장까지 약 40에서 50센티미터의 공간이 생깁니다. 그 공간에 식물을 키울 수 있어요. 먼지가 쌓일까 걱정되시죠? 식물이 먼지를 먹어 생각보다 많이 보이지 않습니다.

2021년 봄, 방 세 개짜리 아파트로 이사하며 아들에게 가장 작은 방을 주었습니다. 가구로는 싱글침대, 협탁, 옷장, 서랍장, 책상, 책장, 그리고 사다리형 책장을 배치했습니다. 아늑하고 좋았는데, 아쉽게도 바닥에 식물을 둘 공간이 없었습니다. 발에 자꾸 채여 불편했어요.

다행인 점은 가구의 높이가 낮았다는 것입니다. 190센티미터 높이의 책장 위에는 엔조이 스킨답서스 세 포기가 들어 있는 저면관수 화분을 올리고, 협탁에는 접란과 스파티필름을 올려주었습니다. 창틀에는 스파티필름 다섯 포기가 들어간 바구니를 걸어 주었어요. 가장 작은 방에도 식물 아홉 개를 배치할 수 있었습니다.

만약 식물을 둘 공간이 없다고 느낄 땐 높은 곳을 이용해보세요. 서랍장 맨 위, 장롱 위, 장식장 맨 위 칸, 냉장고 위, 테이블 위, 식탁 위 등 틈새 공간을 살리면 식물을 좀 더 많이 키울 수 있습니다.

집 안 곳곳에 식물을 배치하면 좋은 점이 또 있습니다. 집 특유의 냄새를 줄일 수 있습니다. 생활하며 나는 냄새는 집에 배어듭니다. 벽지와 가구 뒷면, 커튼에 달라붙어 완전히 사라지기 어렵습니다. 식물을 많이 배치하고 등이 뚫려 있거나, 다리가 있는 가구를 고르면 집 냄새를 줄이는 데 더욱 도움이 됩니다. 공기가 계속 흐르기 때문입니다.

다리가 있는 가구를 고를 때는 다리의 높이가 14센티미터 이상 되는 걸 골라주세요. 로봇청소기가 가구 아래 들어갈 수 있어 구석구석 청소해줄 거예요. 그 공간에 맥문동같이 키가 작은 식물을 키워도 좋습니다. 식물과 함께 살면 실내 공기는 늘 상쾌합니다.

PICASSO
CALDER
BRAQUE
LE MONDE NOUVEAU
DE CHARLOTTE
PERRIAND

플랜테리어 아주 쉽게 하는 방법

식물을 인테리어의 한 요소로 활용하는 것을 플랜테리어라고 말합니다. 식물을 식탁이나 소파와 같이 생각한다는 의미는 아닙니다. 식물은 살아 있기 때문에 '배치한다'보다 '함께 산다'는 개념으로 접근하는 편이 좋습니다.

리모델링으로 인테리어를 멋지게 바꾼 집이 있었습니다. 마무리로 식물 200개를 들여 플랜테리어 스타일링을 했는데 그 식물이 모두 죽어 나갔다는 이야기를 들은 적 있습니다. 식물이 죽는 데는 여러 가지 이유가 있겠지만 혹시 식물을 가구처럼 여겼던 건 아닐까 마음이 쓰였습니다. 식물은 생명체라 누군가가 관심을 주지 않으면 그걸 눈치채거든요.

아기를 돌볼 때를 생각해보면 알 수 있어요. 세상의 모든 아기들에겐 더욱 섬세한 손길이 필요합니다. 식물도 그렇습니다.

식물을 아름답게 연출하는 방법 중 가장 쉬운 방법은 비정형 삼각형으로 배치하는 것입니다. 식물이 세 개 이상 있을 때 활용해볼 수 있습니다. 바닥에 마스킹 테이프로 비정형 삼각형을 그리고 맨 앞쪽에 키가 작은 식물, 그 뒤에는 중간 크기의 식물, 맨 뒤엔 가장 키가 큰 식물을 배치합니다. 식물이 두 개 있을 땐 다른 오브제를 활용해 볼 수 있어요. 식물을 앞쪽으로 두 개 배치하고, 뒤쪽엔 촛대 같은 길쭉한 사물로 높이를 만들어주면 더 아름답게 느껴집니다.

식물을 모아주는 건 보기에 아름다울 뿐만 아니라 성장에도 도움이 됩니다. 식물은 함께 모여 있을 때 생장에 도움이 되는 물질을 주고받으며 더 잘 자랍니다. 물 주는 주기도 조금 더 길어지는 걸 관찰할 수 있습니다.

플랜테리어에 효과적인 방법 중 하나는 잎의 질감을 다양하게 활용해보는 것입니다. 뾰족하고 긴 잎, 넓적하고 둥근 잎, 안개처럼 살랑거리는 잎, 분홍색 잎, 빨간색 잎을 가진 식물을 섞어 배치하면 실내에서도 화단처럼 아름답게 느껴지는 정원을 연출할 수 있습니다. 이 식물을 고르면서 예쁠까, 안 예쁠까 너무 걱정하지 않아도 됩니다. 사실 식물은 모아두면 다 예쁘니까요. 식물의 양감과 높이, 공간감을 고려하면 더 좋습니다.

아주 쉬운 플랜테리어 연출법 중 하나는 높이를 적극적으로 활용하는 것입니다. 30센티미터 높이의 선반, 45센티미터 높이의 스툴, 70센티미터의 테이블을 활용하면 바닥 면적을 적게 쓰면서도 식물을 세 개 이상 키울 수 있습니다.

보지 않는 책을 쌓아 받침대로 활용해도 되고, 사용하지 않은 화분을 뒤집어 높이를 높여도 좋습니다. 예쁘게 연출하고 싶을 땐 카르텔이나 조 콜롬보, 마지스 같은 브랜드의 플라스틱 의자나 스툴, 트롤리를 이용해도 좋아요. 물이 살짝 넘쳐도 부담 없이 사용할 수 있습니다.

모든 예술이 그렇듯이 플랜테리어에도 정답은 없습니다. 아름다움은 매우 주관적인 요소니까요. 식물과 함께 살며 이렇게 저렇게 분위기를 바꿔보다 가장 내 마음에 드는 그 지점을 찾아보세요. 곧 싫증 날 수도 있습니다. 우리의 안목도 계속 성장하니까요. 어딘가 변화를 주고 싶을 때가 오면 또 그때 이런저런 아이디어를 반영해 꾸며보면 됩니다.

계절이 달라지거나 뭔가 변화가 필요할 때는 식물의 배치를 바꿔보세요. 굳이 인테리어를 하거나 가구를 바꾸지 않아도 분위기가 확 달라질 거예요. 환경을 아끼며 아름다움의 기술을 갈고닦을 수 있습니다.

겨울 식물 관리법

봄부터 가을까지 식물은 물만 줘도 알아서 잘 자랍니다. 새잎이 계속 나오고, 해가 있는 방향으로 가지를 뻗으니 살아 있다는 걸 알 수 있어요. 잘 자라던 식물들이 날씨가 추워지기 시작하면 성장을 멈춥니다. 살아 있는지, 죽었는지 아리송해요.

차라리 가로수처럼 단풍이 들고 잎이 다 떨어지면 미련 없이 포기하고 내년 봄을 기다릴 텐데 실내에서 키우는 식물들은 초록색 잎이니까 안절부절못합니다. 식물이 잎을 갑자기 떨어뜨리는 경우가 아니라면 잘 살아 있는 것입니다. 큰 문제는 없을 거예요.

겨울 식물을 돌볼 때는 크게 네 가지만 주의하면 됩니다.

하나는 물 주는 주기를 늘려주세요. 실내의 식물들은 살짝 부족한 듯 박하게 주는 편이 좋습니다. 식물은 겨울엔 생장을 멈춥니다. 일조량이 짧아지니 광합성도 적어져 물이 많이 필요하지 않아요. 식물은 다른 활동을 줄인 채 갖고 있는 에너지 대부분을 추워진 날씨를 견디는 데 씁니다. 식물 입장에서는 물을 적게 주는 것이 더 고마운 일입니다.

잎에는 분무를 자주 해주세요. 건조한 계절에는 잎도 버석버석하게 마릅니다. 분무를 해주어도 잎이 너무 건조하다고 느껴질 때는 식물 잎과 가지 부분에 빛이 투과하는 투명한 비닐봉지를 씌운 다음 며칠 두어도 좋습니다.

두 번째로는 물의 온도를 점검해주세요. 가장 좋은 방법은 물통에 수돗물을 받아 하룻밤 정도 실온에 두었다 식물에게 주는 것입니다. 수돗물에서 염소가 날아가 식물에게 좋고, 물의 온도도 저절로 실내 온도와 같아지기 때문입니다. 온수를 섞어 온도를 맞춘 다음 관수해도 큰 문제는 없습니다.

세 번째는 식물이 따뜻하도록 옷을 입혀주세요. 식물을 베란다에서 키울 땐 가로수처럼 줄기에 옷을 입혀주어도 좋습니다. 아름답기도 하고, 실제로 보온 효과도 있습니다. 화분도 더 큰 화분으로 한 번 감싸 공기층을 만들어주세요. 밖에서 월동하는 식물들은 짚으로 줄기를 감싸고, 뿌리 부분을 덮어주면 겨울을 나는 데 도움이 됩니다. 또 식물 잎이 창문에 바로 닿지 않도록 주의해주세요. 차가운 온도가 식물에게 영향을 미쳐 컨디션이 나빠집니다.

네 번째는 비료를 주지 않아야 합니다. 겨울엔 식물이 생장을 멈추고 동면에 들어갑니다. 영양소가 많은 물을 계속 주면 식물이 오히려 견디지 못할 가능성이 있습니다. 흙 속 비료 농도가 높아지면 삼투압 작용으로 식물의 수분과 영양분을 빼앗아가기 때문입니다. 겨울철에는 비료를 주면 절대 안 됩니다.

겨울에는 먼지가 많으니 가끔 한 번씩 잎을 닦아주면 호흡을 하는데 도움이 될 거예요.

2021년 12월 3일의 아침 시간. 창밖으로 파란 하늘이 보이고, 아침 햇살은 유리를 넘어 식물들을 비추고 있었습니다. 물뿌리개에 물을 가득 떠 와 식물들을 쓰다듬으며 한 포기 한 포기에 물을 따라주었어요. 고요한 아침, 식물들이 꿀떡꿀떡 물 마시는 소리가 들립니다.

쪼르르 물 떨어지는 소리를 들은 고양이 별이가 어딘가에서 나타나 화분 위로 훌쩍 올라옵니다. 아레카야자 줄기 사이에 서서 동그란 눈을 뜨고 있는 별이. 잠시 숲에 온 느낌이었습니다. 식물들에게 물을 다 준 다음엔 서큘레이터를 틀어주었습니다. 식물들이 바람에 잎을 흔들며 춤을 춥니다. 좋아하는 걸 느낄 수 있었어요. 식물들은 바람을 쐬고 나면 컨디션이 훨씬 좋아집니다. 사랑을 많이 받고 자라는 아이처럼 꿋꿋합니다. 한겨울에 화분 몇 개로도 숲에서 지내는 기분이 듭니다.

겨울에 가면 더 좋은 온실, 꽃시장

2019년 이른 봄, 네덜란드 암스테르담에 있는 식물원에 갔던 일이 생각납니다. 암스테르담 식물원은 세계에서 가장 오래된 식물원입니다. 17세기 동인도회사를 통해 전 세계에서 실고 온 다양한 식물로 꾸며져 있습니다.

암스테르담 식물원은 식물뿐 아니라 눈에 보이는 모든 것이 아름다웠어요. 이웃 대학교와 산학 협동이 이루어져, 온실에서도 디자인 요소를 만날 수 있습니다. 다육식물을 키우는 작은 화분, 연두색, 보라색 같은 배경색 위에 식물을 그린 일러스트는 심미적으로도 무척 아름다웠습니다. 책상의 영감보드 위에 붙여 두고 지금도 자주 바라봅니다.

나비 온실도 색다른 경험이었습니다. 문을 열고 들어가니 덥고 습한 공기가 느껴졌습니다. 안경에 김이 서려 앞이 보이지 않았어요. 사람이 아무도 없는 공간, 나비는 낯선 사람을 전혀 경계하지 않고 자유롭게 날아다녔습니다. 눈을 감아보았어요. 나비가 날갯짓할 때

암스테르담 식물원

나비 온실

마다 날개가 공기를 치는 소리가 파닥파닥 들렸습니다. 다른 세계에 있는 것 같았어요.

열대 온실을 지나는데 아레카야자와 몬스테라가 가득 채운 공간 어디선가 물이 똑똑 떨어지는 소리가 들렸습니다. 귀뚜라미가 또르르 또르르 울며 박자를 맞췄어요. 꿈을 꾸고 있는 듯했습니다. 그 후로 온실의 매력에 빠졌습니다.

온실에서는 몸을 반쯤 눕히고 식물을 스케치하는 학생들을 많이 볼 수 있었습니다. 식물은 영감을 주는 소재이기 때문입니다.

파리 여행에서도 식물원을 찾았습니다. 파리 식물원은 난이 유명합니다. 매년 봄에 열리는 난 전시회는 전 세계 사람들이 찾아옵니다. 열대 온실에서 만난 몬스테라도 기억이 생생합니다. 3층 높이에서 뿌리를 내려 1층 늪의 물을 마시고 있었습니다.

우리나라에도 온실이 많이 있습니다. 그중 추천하고 싶은 곳은 우리나라 최초의 서양식 온실인 창경궁 대온실입니다. 1909년에 건립된 건축물로, 철골, 유리, 목재를 사용한 19세기 근대 건축물의 모습을 볼 수 있습니다. 당시에는 동양 최대 규모였다고 합니다.

2017년 11월 10일, 1년 3개월의 보수 공사를 거쳐 재개관했습니다. 100년 전의 원형에 가깝게 복원했다고 합니다. 바닥 타일, 기둥, 손잡이에서 역사를 느낄 수 있었습니다. 흰색 철제 프레임에 유리가 끼워진 온실은 조형적으로 아름다웠지만 슬픈 역사가 숨어 있습니다. 일제가 순종을 창덕궁에 유폐시킨 다음 왕을 위로한다는 명목으로 만들었기 때문입니다.

겨울엔 꽃시장도 가볼 만한 곳으로 추천하고 싶어요. 추운데 무슨 꽃인지 의아할지도 모르겠습니다. 사실 꽃시장은 12월부터 3월까지 대목입니다. 크리스마스, 졸업, 입학, 밸런타인데이, 화이트데이 등 축하할 일이 많으니까요. 아이와 함께 꽃시장에 들러 꽃을 골라보면 어떨까요? 겨울철에는 물속 박테리아가 덜 번식해 꽃의 수명이 조금 더 길다는 장점도 있습니다.

실내에 있는 꽃시장은 문을 열자마자 꽃향기가 물씬 풍깁니다. 향기를 느끼는 후각은 뇌의 변연계와 피질과 직접 연결되어 있는데, 감정, 기억력, 창의력을 관장합니다. 어떤 향기를 맡았을 때 갑자기 기억이 되살아나는 이유가 바로 거기에 있습니다.

서울 지역을 기준으로 하면, 양재동 화훼단지에는 국내에서 재배하는 꽃들이 많고, 강남고속버스터미널 꽃시장에는 수입 꽃들도 많습니다.

가족이 함께 찾았던 온실과 꽃시장, 나중에 자랐을 때 아이는 어떻게 기억할까요? 겨울엔 온실과 꽃시장을 함께 들러보세요. 아름다운 추억이 될 거예요.

살아 있는 나무로 크리스마스트리를 만들어보세요

겨울이 되면 벌써 라디오에서, 거리에서 크리스마스 캐럴이 들립니다. 아이가 유치원에 다닐 때 생각이 납니다. 해마다 12월이 되면 오너먼트도 만들고, 카드도 썼습니다. 도화지에 그린 색색의 별과 자동차를 가위로 오려 코팅한 다음 구멍에 실을 꿴 소박한 오너먼트지만, 고사리손으로 가위를 들고 집중해 오리는 모습을 상상하면 보석처럼 귀하게 느껴졌어요.

크리스마스트리를 구매해 별, 자동차 오너먼트와 함께 빨간색 공을 달고, 금색 반짝이를 두르고, 불이 꺼졌다 켜졌다 하는 전구를 늘어뜨려 장식했습니다. 그 앞에 서서 허리에 한 손을 올리고 위풍당당하게 찍은 사진을 가끔 꺼내 봅니다. 스스로 열심히 한 무엇을 누군가 공감해줄 때 마음의 뿌리는 조금 더 씩씩하게 뻗어나갑니다.

트리를 구매하지 않아도 트리를 만들 방법이 있습니다. 실내에서 키우는 식물에 장식해주면 됩니다.

실내에서 트리로 응용해볼 수 있는 식물로는 아라우카리아를 추천하고 싶어요. 아라우카리아는 소나뭇과의 식물로, 섭씨 18에서 22도 사이의 온도에서 잘 자라니 실내 식물로 좋습니다. 5년 넘게 키우고 있는데 무탈합니다.

공기 정화 식물이기도 한 아라우카리아는 헬리콥터 프로펠러처럼 올라오는 새잎이 정말 귀여워요. 잎이 촘촘해 장식을 걸면 아름답게 어울립니다. 살아 있는 식물에 트리 장식을 할 때 오너먼트는 가벼운 것으로 골라주세요. 가지가 부러질 수 있기 때문입니다.

크리스마스트리로 가장 유명한 나무는 구상나무입니다. 농촌진흥청 《농업기술 길잡이 145_관상화목류 2》에 따르면 구상나무는 우리나라 특산 식물 중 하나입니다. 한라산, 무등산, 백운산, 가야산, 덕유산, 지리산 등 중남부 지역 이하에서 자생합니다. 해발 600미터 이상 기온이 낮고 바람이 거센 고지대에서 잘 자랍니다. 실내에서는 잘 자라지 않을 확률이 높으니 키우고자 한다면 실외에서 키워주세요.

구상나무 중에서도 크리스마스트리로 가장 인기가 좋은 품종은 푸른구상나무입니다. 학명이 "에이비즈 코리아나 E. H. 윌슨Abies koreana E. H. Wilson'으로 오경아 작가의 《정원생활자》에 따르면 1915년 식물탐험가이자 채집가였던 영국의 어니스트 윌슨에 의해 채집된 뒤 변종 개발되어 유통되고 있습니다. 푸른구상나무 역시 우리나라에 자생하고 있는 나무이지만, 구상나무는 공식적으로 우리 나무가 아닙니다.

식물을 공부하다 보면 이런 사례를 종종 만납니다. 식물은 가장 처음 학명으로 등록하는 사람이 이름을 붙이고 권리를 주장할 수 있습니다. 미스킴라일락도 그렇습니다. 미국인 식물 채집가가 우리 토종 식물인 수수꽃다리를 미국으로 가져가 원예종으로 개량했습니다. 그 탓에 지금은 미국에 로열티를 지불하고 되사오고 있습니다.

식민지 시절 일본이 우리 땅에 있는 자생식물을 일본 이름을 붙이고 자생지를 일본으로 기록한 사례도 종종 만날 수 있습니다. 금강초롱은 우리나라에서만 자라는 식물이지만, 학명이 '하나부사야 아시아티카 나카이Hanabusaya asiatica (Nakai) Nakai'입니다. 한번 등재된 이름은 다시 바꾸지 못하는 규칙이 있어, 일본산으로 주장하는 토종 식물을 바로잡는 건 현실적으로 불가능에 가까운 일이라고 합니다.

우리 땅에서 나고 자라 함께 살고 있는 식물은 우리의 뿌리이기도 합니다. 조금 더 관심을 갖고 아껴주고 지켜주면 어떨까요?

Play 13. 꽃다발 만들기

꽃시장에서 원하는 꽃을 골라보세요. 백합, 장미, 거베라 같은 큰 꽃 한 단, 소국, 카네이션 같은 작은 꽃 한 단, 유칼립투스나 루스커스 같은 초록색 잎 한 단 정도면 충분합니다. 꽃이 너무 예뻐 주섬주섬 담다 보면 너무 많아질 수 있으니 단호하게 수량을 정해주세요. 아이와 함께 꽃다발을 만들 때는 가시가 없는 꽃으로 고르는 편이 안전합니다.

준비물

꽃. 가위, 물통, 키친타월, 종이 노끈, 크래프트지

1. 꽃 바로 아래 잎 2~3장만 남기고 모두 제거해주세요. 줄기는 사선으로 잘라줍니다. 물관의 면적이 넓어 물을 흡수하기 유리하기 때문이에요. 손질한 꽃은 물을 담은 물통에 넣어줍니다. 사이다가 있으면 조금 부어주면 꽃들이 더 좋아해요.
2. 큰 꽃을 중심에 두고 작은 꽃을 3개 배치합니다. 초록색 잎을 군데군데 배치하고 줄기를 종이 노끈으로 묶어줍니다.
3. 줄기 끝을 물에 적신 키친타월로 싼 다음 물이 새지 않게 랩을 감아줍니다.
4. 꽃이 잘 보이도록 크래프트 지로 감싼 다음 종이 노끈으로 묶어주세요.
5. 남은 꽃은 꽃병에 꽂아줍니다.

봄에 말려둔 꽃을 함께 활용하면 리듬감이 생겨 재미있습니다. 마분지에 꽃을 그려 나무젓가락에 붙인 다음 함께 꽂아도 예뻐요.

꽃다발 사진을 기록해주세요.

꽃다발, 누구에게 선물했나요?

Play 14. 솔방울 가습기 만들기

산길을 달리다 땅에 떨어진 초록색 물체를 만났습니다. 단단하고 크기는 손바닥만 한데 처음 보는 물체가 신기해서 몸을 돌려 다시 돌아갔습니다. 자세히 관찰하니 소나무에서 분리된 지 얼마 되지 않은 솔방울이었습니다. 손으로 들어보니 200밀리리터 우유 팩 한 개보다 묵직하게 느껴집니다. 코에 가까이 가져와 향을 맡아보았습니다. 기분이 좋아지는 솔향입니다.
솔방울의 초록색은 물기가 사라짐과 동시에 점점 갈색으로 변했고, 결국 몸체 모두 갈색이 되었습니다. 손으로 들어 코 아래 대고 향기를 맡아보면 은은합니다. 갈색으로 바짝 마른 솔방울을 가습기로 활용할 수 있어요. 접시에 물을 담고 마른 솔방울을 올리면 소나무 향을 폴폴 풍기는 천연 가습기가 됩니다. 아이 방에 놓아주세요.

준비물
솔방울

1. 솔방울에 베이킹소다를 넣고 팔팔 삶습니다. 해충 제거와 송진 제거의 목적이 있습니다.
2. 소쿠리에 받혀 건져냅니다.
3. 접시에 물을 담고 마른 솔방울을 올리면 천연 가습기가 됩니다.

솔방울 가습기, 사진으로 남겨주세요.

솔방울 가습기, 향기가 어땠나요?

기념할 일이 있을 때, 집에 식물 심기

살다 보면 기억하고 싶은 기쁜 일이 생깁니다. 직장생활을 할 때 사내 마케팅 공모전에 기획안을 제출해 상금을 받은 적 있습니다. 기쁜 마음을 간직해야겠다는 생각으로 상금을 들고 그대로 백화점으로 직진해 명품 브랜드의 가방을 구매했습니다. 오래오래 사용할 생각으로 유행을 타지 않는 클래식한 모델을 골랐습니다.

집에 와서 그 가방에 평소대로 노트북, 다이어리, 지갑, 휴대폰을 넣었습니다. 가방을 드는데 몸이 한쪽으로 휘청했어요. 한 손으로 들고 다닐 수 있는 무게가 아니었습니다. 덤벨을 드는 마음으로 몇 번 들고 다녔는데 오래가지는 못했어요. 옷장 속에 고이 보관하고 있습니다. 마지막으로 든 지 10년도 넘은 것 같아요. 이사하면서도 버려야 하나 갖고 가야 하나 한참을 고민했습니다.

심혈을 기울여 고른 예물시계도 있어요. 시계만큼은 가능한 예산 범위에서 가장 좋은 걸 고르라는 조언을 듣고 그렇게 했습니다. 역시 옷장 속에 잘 있습니다. 가끔 한 번씩 꺼내 손목에 차는데 시계가 자꾸 멈춥니다. 주기적으로 청소도 하고 약도 바꾸는데 그 비용이 스마트워치 한 개를 새로 구매하는 비용에 맞먹습니다. 시대가 달라지면 기술도 발전하고, 취향도 달라지고, 유행도 변합니다.

오래오래 기념하고 싶을 땐 어떤 방법이 좋을까요?

법정 스님의 《아름다운 마무리》에서 만난 주례사를 소개하고 싶습니다. 법정 스님은 신랑 신부에게 한 달에 한 번 서점에 가 각자 시집을 한 권씩 고르고, 산문집을 하나 골라 함께 읽으라고 당부합니다. 신랑 신부는 한 달에 산문 한 권, 시집 두 권을 읽습니다. 1년이면 부부가 36권의 책을 함께 읽습니다. 그렇게 30년쯤 지나면 그 양이 1천 권에 달합니다. 법정 스님은 나중에 아이에게 유산으로 그 책장을 물려주라고 말합니다.

그런 삶이라면 다툴 때도 시어를 사용할 것 같았어요. 온 가족이, 더 나아가 길에서 만나는 모든 사람이 시를 쓰는 마음으로 아름다운 언어를 구사할 수 있다면 그곳이 바로 천국이지 않을까 생각해보았습니다.

식물과 친해진 다음 축하할 일이 있으면 식물을 선물합니다. 몇 년이 지나도 친구들은 제가 선물한 식물과 함께 살고 있어요. 식물은 유행이 없으니 질리지 않습니다. 녀석들은 계속 자라며 점점 풍성해집니다. 세포를 가진 생물은 기쁜 일을 품고 그 에너지를 증폭해 전해줍니다. 제 마음을 또렷하게 전해주는 분신입니다.

만약 제가 선물한 식물이 상태가 좋지 않으면 조금 미안한 마음이 들 것도 같아요. 그런 일이 생긴다면 더 싱싱한 식물을 선물하겠습니다.

우리나라엔 기념할 일이 있을 때마다 식수植樹하는 문화가 있습니다. 축하할 일이 있을 때마다 식수하듯 집에 식물을 한 개씩 데려오면 어떨까요. 식물과 함께 산 세월이 그렇게 길지 않아 가장 오래 함께한 식물이라고 해도 9년 된 수채화 고무나무에 그치지만, 유튜버 '밀라논나' 장명숙 선생은 《햇빛은 찬란하고 인생은 귀하니까요》에서 40년 동안 함께하는 사는 식물이 있다고 전합니다.

실내에서도 잘 관리하면 무려 40년이나 같이 살 수 있다는 의미입니다. 가족과 함께 생활하는 집에서 식물을 40년 키울 수 있다면, 얼마나 많은 추억이 배어 있을까요. 기념할 일이나 축하하고 싶은 일이 있을 땐 아이에게 책과 식물을 선물해보면 어떨까요. 오래오래 질리지 않고 함께할 수 있고, 몸은 물론 마음의 건강에도 도움이 되는 진짜 가성비 좋은 선물이 될 거예요.

아름다운 것을 많이 보여주세요

생산성을 높이려면 이성의 힘으로, 아랫입술을 꽉 깨물고 안 되는 걸 되게 해야 할 것 같지만, 사실 우리의 몸은 이성을 담당하는 좌뇌와 감성을 담당하는 우뇌를 함께 사용할 때 효율이 가장 높습니다. 뭔가 일이 잘 풀리지 않을 때는 잡초 뽑기, 설거지, 걸레질처럼 단순하고 반복적인 활동을 하면 저절로 풀리기도 합니다.

전시회나 음악회도 우뇌를 움직이게 돕는 것 같아요. 그 사실을 알게 된 다음부터는 일부러 시간을 만들어 전시를 찾습니다. 매혹적인 전시에 폭 빠져 즐기다 보면 몸과 마음을 중탕해 녹인 설탕물에 담근 것처럼 따뜻하고 달콤해져요. 오랫동안 마음속에서 종이 울립니다. 어떤 예술 작품이든 여운이 오래갈수록 좋은 작품이라고 느낍니다. 그건 경험한 직후엔 알기 힘들고, 시간이 흘러 발효된 다음 깨닫게 됩니다.

최근에는 피크닉에서 열린 '정원 가꾸기' 전시가 오랫동안 기억에 남았습니다. 피크닉은 서울 중림동에 있는 복합 문화 공간으로 오래

된 동네에서 느껴지는 향수와 함께 빨간 벽돌 건물에서 오는 동화 같은 매력이 있어 많은 사랑을 받고 있는 장소입니다.

'정원 가꾸기'를 주제로 한 최정화 작가의 설치 예술을 만날 수 있었습니다. 당근, 무, 배추, 고추, 비트, 피망, 아스파라거스, 양파, 파, 완두콩 같이 텃밭에서 흔히 볼 수 있는 채소를 자주색, 빨간색, 주황색, 연두색 헝겊으로 풍선을 만들어 기계로 바람을 불어 넣었습니다. 바닥에 축 늘어져 있는 채소 풍선에 바람이 들어가며 벌떡 일어서는 것이 목마른 채소에 물을 주었을 때와 닮아 있어 재미있었습니다. 헝겊이 피부에 닿는 촉감도 바람에 날리는 채소 잎과 비슷해 섬세한 작가의 감각이 전이되는 것 같았어요.

피크닉 옥상에는 자생식물을 중심으로 조성된 정원이 있었는데, 정영선 조경가의 작품이었습니다. 정영선 조경가는 조경 전문 업체 '서안'의 대표로, 예술의 전당, 88올림픽 공원, 86아시안게임 기념 공원, 여의도 샛강 공원, 선유도 공원, 서울식물원 등 주요 공공시설의 조경을 맡아 수행한 그야말로 살아 있는 우리나라 조경의 역사라 일컬어지는 분입니다.

정영선 조경가가 유일하게 번역한 책으로 《공생의 디자인》이라는 책이 있습니다. 원작자는 '선의 정원'으로 전 세계적인 유명세를 치르고 있는 마스노 슌묘입니다. 그는 디자인이 보이지 않아야 사람들은 비로소 아무 조건 없이 아름답다고 느낀다며 디자인을 드러내지 말라고 말합니다.

그는 창작자로서 뭔가를 표현하거나 전하려면 관찰안을 키워야 한다고 주장합니다. 관찰하는 눈. 그 눈은 좋은 것을 많이 봐야 길러진다고 합니다. 엉성한 것만 봐서는 눈이 깊어지지 않고, 정원이든, 회화든, 조각이든, 연극이든, 어느 분야에서든 완성도가 높은 것을 보라고 합니다. 특히 자연을 잘 관찰하는 것이 중요하다고 말합니다. 사계절의 변화를 느끼고 감동하는 마음을 가지면 섬세하고 높은 관찰안을 갖게 된다고 합니다.

아이들과 아름다운 것들을 많이 보고 듣고 경험하고 생각을 나눠보면 어떨까요?

아이가 두 돌이 되던 해, 프랑스 파리에서 열리는 세계 최대의 라이프스타일 전시회 '메종 오브제'에 데리고 간 적 있어요. 다른 나라에서 열리는 전시는 아이와 입장이 불가능한 경우가 많았는데 프랑스에서는 아무런 제한이 없었습니다. 심지어 출품사 부스에서 아이를 돌보며 업무를 처리하는 직원도 있었으니까요. 어릴 때부터 보고 듣고 느낀 것들이 문화적 자산이 된다는 사회적 공감대가 형성되어 있는 듯했어요.

파리 루이비통 재단에서 열린 샤를로트 페리앙의 전시 '새로운 세상으로 초대하다'에서도 유치원생 또래의 어린이들이 선생님과 함께 방문해 관람하는 모습을 여러 번 보았습니다.

어릴 때부터 예술 또 자연과 가까이 지내면 생산성도 높아지고 삶도 풍요로워집니다.

Play 15. 채소 도장 만들기

밤이 길고 낮이 짧은 겨울에는 실내 생활이 길어지고, 심심합니다. 그럴 땐 채소로 도장을 만들어보면 어떨까요. 고구마, 당근, 감자, 호박 모두 사용할 수 있어요. 평평하게 자른 다음 연필로 표면에 바탕 그림을 그려줍니다. 그 다음 조각칼을 이용해 파냅니다.

채소 도장을 스탬프잉크에 누른 다음 종이에 찍어보세요. 직접 만든 카드로 생일, 크리스마스, 연말연시에 마음을 전해보세요. 손맛이 느껴지는 카드는 소중하게 간직하고픈 메시지가 될 거예요.

채소 도장을 찍어보세요!

Play 16. 압화 카드 만들기

봄에 말려둔 꽃과 잎을 활용해 카드를 만들어보세요. 핀셋을 이용해 말린 잎을 옮기면 잎이 부서지지 않을 거예요. 카드에 붙일 때는 딱풀을 이용합니다. 꽃잎과 잎으로 만든 작품을 보호하고 싶다면 투명한 시트지로 덮어주세요. 사랑하는 사람에게 카드를 자주 보낼수록 행복한 순간이 더 많아질 거예요.

봄, 여름에 말려 둔 꽃과 잎을 붙여 카드를 만들어보세요!

Eat 13. 폰즈 소스 만들기

귤이 몇 개 남아서 손이 가지 않을 땐 이나가키 에미코 작가의 책《먹고 산다는 것에 대하여》에 나왔던 폰즈 소스를 만듭니다.

아사히 신문사 기자였던 이나가키 에미코 작가는 동일본 대지진을 보고 느낀 바 있어 쉰 되던 해 안정적인 직장을 퇴사하며《퇴사하겠습니다》《그리고 생활은 계속된다》《먹고 산다는 것에 대하여》를 썼습니다.

회사를 그만두고 줄어든 소득에 맞춰 도쿄의 작은 아파트로 이사한 작가는, 냉난방을 전혀 하지 않는 환경친화적인 삶을 삽니다. 전기도 끊고, 온수도 없어요. 요리는 가스버너로 해결합니다. 이틀에 한 번 현미밥을 지어 나무통에 덜어 먹습니다. 채소는 채반 위에 펼쳐 햇빛 아래에서 1차 조리하고, 수분이 날아가 마른 채소를 된장국에 넣고 끓입니다. 그럼 조리 시간도 줄일 수 있다고 해요. 그러면서도 주전자에 데운 정종으로 삶의 재미를 챙깁니다.

겨울을 나기 위해서 핫팩과 탕파 주머니를 몸에 감고 지냅니다. 집에서는 세수만 하고, 이틀에 한 번씩 동네 목욕탕에서 뜨거운 물에 몸을 담가 목욕을 합니다.

이나가키 에미코 작가가 궁금해 강연회를 찾은 적이 있어요. 발표 자료로 준비한 도쿄의 작은 집의 살림살이는 그의 글과 삶이 똑같다는 걸 보여줍니다. 그는 매일이 재난 사태라 재난이 두렵지 않다며 웃었습니다.

《먹고 산다는 것에 대하여》에서 폰즈 소스 이야기가 기억에 남았습니다. 폰즈 소스는 귤과 간장, 다시마 한 장이 있으면 만들 수 있습니다. 책 속 레시피가 제 입엔 많이 짜서 조금 수정해보았어요. 채 썬 양배추를 한 사발 먹게 하는 마법 소스입니다.

준비물

귤 5개, 다시마 1장(5×5cm), 간장 1 ½큰술, 유자청 1큰술

1. 귤을 가로로 잘라 스퀴저에 즙을 짭니다.
2. 준비한 재료를 모두 섞어 냉장고에서 하룻밤 묵힌 다음 다시마를 빼면 완성입니다.

Eat 14. 진저브레드맨 쿠키 만들기

진저브레드맨 쿠키를 굽고 직접 만든 카드를 써서 사랑하는 사람들에게 선물해보세요. 동화책 《진저브래드와 친구들Gingerbread friends》을 읽은 다음 아이와 함께 쿠키를 만들면 더 흥미진진한 요리 시간이 될 거예요.
쿠키를 구운 다음 식힘망 위에서 한 김 식혀줍니다. 쿠키가 품고 있는 수분이 공기 중으로 날아가야 바삭바삭한 쿠키를 먹을 수 있어요. 식힘망이 없을 땐 채반을 이용해도 됩니다.

준비물
중력분 2 ½컵, 베이킹소다 1작은술, 생강가루 1 ½작은술,
시나몬 ½작은술, 무염 버터 1컵, 설탕 ¾컵, 달걀 1개,
흑설탕 ¼컵, 바닐라 에센스 ½작은술

1. 중간 크기의 볼에 중력분, 시나몬 가루, 소금, 베이킹소다를 잘 섞어줍니다.
2. 실온에 둔 버터를 백설탕, 흑설탕과 함께 섞어 크림처럼 만들어 줍니다.
3. 2에 실온의 달걀을 넣고 잘 섞어줍니다.
4. 3에 1을 조금씩 넣으며 반죽합니다.
5. 랩에 싼 다음 1시간 정도 냉장실에 둡니다.
6. 오븐을 섭씨 180도로 예열합니다.
7. 도마 위에 밀가루를 뿌린 다음 밀대로 반죽을 밀고, 진저브레드맨 모양의 틀로 찍어줍니다.
8. 쿠키 팬 위에 올려 14분 정도 굽습니다.
9. 식힘망에서 식혀줍니다.

진저브레드맨 쿠키 만드는 모습을 기록으로 남겨주세요!

「 」

진저브레드 쿠키 맛은 어땠나요?

Eat 15. 애플 크럼블 만들기

사과가 몇 개 남아 손이 가지 않을 땐 애플 크럼블을 만들어봅니다. 애플 크럼블은 영국에서 제2차 세계대전 즈음에 개발된 디저트 음식으로, 바닐라 아이스크림과 함께 먹으면 정말 맛있습니다. 아이들과 함께 만들어보세요. '오타와의 두 총각' 블로그에서 본 레시피를 변형했습니다.
아이와 함께 사과를 잘라보세요. 잊지 못할 디저트가 될 거예요.

준비물
사과 4~5개, 에리스리톨(설탕으로 대체 가능) 100g,
시나몬 가루 1작은술, 바닐라 에센스 1작은술,
레몬즙 1작은술(없으면 생략 가능), 버터 75g, 밀가루 150g,
에리스리톨(설탕으로 대체 가능) 75g

1. 사과 4~5개를 껍질을 벗기고, 과육을 1.5센티미터 정도로 깍둑썰기합니다. 작게 썰어야 시나몬 가루와 에리스리톨, 바닐라 에센스가 좀 더 과육 안쪽까지 배어들고, 열이 속까지 잘 전달되어 균일하게 익기 때문입니다. 좀 더 편하게 하려고 과육을 믹서에 갈았더니 씹는 맛이 없어 먹는 재미가 덜했습니다. 더 크게 썰었더니 속까지 익지 않아 애매했어요.
2. 깍둑썰기한 사과 600g 정도에 에리스리톨 100g, 시나몬 가루 1작은술, 바닐라 에센스 1작은술을 넣고 골고루 버무립니다. 벌써 달콤한 냄새에 기분이 좋아집니다. 조금 더 새콤한 맛을 즐기고 싶다면 레몬즙을 1작은술 정도 추가해도 좋아요.
3. 상온에 두어 녹은 버터 75g에 밀가루 150g과 에리스리톨 75g을 넣고 주무릅니다. 밀가루가 덩어리지며 형태가 반죽처럼 변합니다.

4. 금속 팬에 사과를 깔고 3의 반죽을 덮어 빈 곳이 없도록 꾹꾹 누릅니다. 굽는 팬으로 도자기 그릇을 사용하면 사과즙이 흥건해 눅진해집니다. 풍미가 덜하니 금속 팬을 권하고 싶어요.
5. 190도 오븐에서 45분 정도 구워주면 사과 조림 위에 얹은 소보로 같은 느낌의 디저트가 완성됩니다. 그대로 먹어도 맛있지만, 바닐라 아이스크림을 곁들이면 훨씬 더 맛있어요. 설탕을 사용하지 않는 라라스윗의 바닐라 아이스크림을 권하고 싶어요.

Eat 16. 진저라떼 만들기

늦가을에 만든 생강청을 활용하는 라떼입니다. 우유를 따뜻하게 데운 다음 생강청을 약간 넣고 잘 녹여줍니다. 손잡이가 긴 숟가락을 이용해 아이 스스로 생강청을 우유에 덜도록 도와주세요.

준비물

우유 1컵, 생강청 1작은술, 에리스리톨(설탕으로 대체 가능)

1. 우유 팬에 우유를 데웁니다.
2. 생강청을 넣고 거품기로 저어주면 부드러운 거품이 솟아날 거예요.
3. 당도는 설탕이나 에리스리톨로 조절해주세요. 생강청으로 단맛을 조절하면 라떼가 매워질 수 있어요. 생강청은 은은하게 향을 내는 정도로 활용하고, 단맛은 에리스리톨로 맞춥니다.

진저라떼를 마신 다음 우유수염이 난 아이들 얼굴을 기록해보세요.

진저라떼는 맛이 어땠나요?

있는 힘껏 자랍니다

식물과 함께 살면 어쩔 수 없이 매일매일 돌보게 됩니다. 매일매일 물을 주고 매일 잎을 닦아야 한다는 걸 의미하진 않습니다. 물을 매일 주면 오히려 식물 컨디션이 나빠집니다. 매일 돌본다는 행위는 관심을 갖고 지켜보는 쪽에 가깝습니다. 쓱 지켜봐도 지금 물이 필요한지, 비료가 필요한지, 바람이 필요한지 알게 됩니다. 필요할 때 필요한 일을 해주는 것. 그게 '돌봄'이라는 걸 알게 됩니다.

'매일 무엇을 한다'는 행위에 관해서도 다시 생각해보게 되었습니다. '매일매일 무엇을 하는 것'은 하기 싫은 마음을 다잡아 두 주먹을 불끈 쥐고 아랫입술을 깨물고 억지로 하는 거라 생각했어요. 그러니 무엇인가를 매일 하는 건 고통스럽고 재미없는 일이 되었습니다. 식물 돌보기는 달랐어요. 매일 해도 질리지 않는 일이었어요.

무엇인가 안 해본 일을 하려면 노력이 필요합니다. 아이들은 백일쯤 되면 스스로 고개를 가눕니다. 몸무게의 50퍼센트에 육박하는 머리의 무게를 가느다란 목으로 들어 올리는 거예요. 그다음에는 스스로 몸을 뒤집습니다. 곧 기기 시작해요. 땀을 뻘뻘 흘리며 온몸의 근육을 사용해 움직여요. 그러다 걷게 되면 뒤뚱뒤뚱하면서도 무척 좋아해요. 뭔가를 배우고 익힌다는 건 즐거운 일입니다.

식물을 돌보며, 그 좋은 점을 널리 알리고 싶은 마음에 글을 쓰기 시작했어요. 매일매일 글을 쓰며 저는 제가 무엇인가 매일 할 수 있는 사람이라는 사실을 알게 되었습니다. 매일 운동도 하고, 일주일에 두세 번은 달리기도 해요. 가끔은 하기 싫을 때도 있지만, 책 마감을 위해 컴퓨터 앞에서 하루 대부분의 시간을 보내고 있는 요즘 가장 하고 싶은 건 달리기입니다.

지난 11월, 따뜻한 점심시간 즈음에 동네 산책로를 달리고 있었습니다. 담벼락에서 꽃을 만났어요. 그것도 손바닥만 한 꽃을 활짝 피운 노란 장미였습니다. 장미는 보통 6월에 만개하는 꽃입니다. 11월에 장미꽃이 피었다면 아무도 믿지 않을 것 같아 인증용 사진을 찍었습니다. 장미 옆엔 남천이 새빨간 구슬 열매를 맺고 있었습니다.

자연 속에서 생명체는 있는 힘껏 삽니다. 6월이든 11월이든 재지 않고, 하고 싶은 대로 실컷 꽃을 피웁니다. 11월에 무슨 꽃이야, 그렇게 말하지 않습니다. 온도와 햇빛이 적당하면 꽃을 피웁니다. 식물에게 배웠습니다. 하고 싶은 게 있으면 망설이는 대신 그냥 하는 것을요. 걱정과 두려움은 행동해야 사라집니다. 해보면 그렇게까지 걱정할 일이 아니었다는 걸 알게 됩니다.

그렇게 내 마음의 소리를 듣고 나를 위하는 걸 '리추얼'이라 부릅니다. 리추얼은 '나를 챙기는 의식'입니다. 매일 일어나자마자 쓰는 글, 몸의 근육을 사용하는 운동은 하루를 시작하는 준비운동입니다. 생각해보면 모든 운동선수는 준비운동을 한 다음 본 게임에 임합니다. 준비운동 후 시작하는 하루는 머리의 속도도, 몸의 속도도 좀 더 빠릅니다. 뭔가 더 많은 일을 처리하면서도 여유롭게 느껴집니다.

식물과 함께 산다는 건 자신감을 키워주는 일입니다. 이렇게 작은 식물도 이렇게 열심히 사는데, 나도 할 수 있겠지, 하고 무한한 긍정의 힘을 줍니다. 아이가 자신감을 키울 수 있도록 방에 작은 식물 하나 놓아주면 어떨까요?

마치며

식물과 함께 사는 생활의 좋은 점을 널리 알리고 싶다는 마음으로 글을 쓰기 시작했습니다. 직접 이야기를 듣고자 청하는 분들이 있어 2018년 첫 책 출간 이후 방송으로, 강연으로 현장에서 만날 기회가 많았습니다. 자리를 만들어주신 분들, 이야기를 들어주신 분들께 마음을 다해 감사드립니다. 여러분께서 경청해주시고 적극적으로 질문해 주신 덕에 어떤 정보가 필요한지 알 수 있었고, 이 책에 많이 담을 수 있었습니다. 식물 키우기 시작하는 아이들에게도 크게 도움이 될 것 같습니다.

44개 꼭지를 준비했고, 식물로 할 수 있는 활동 16개와 손쉽게 할 수 있는 '가시비' 즉 가격 대비 시간이 짧은 요리 16개를 넣었습니다. 한 달에 식물과 관련된 활동을 두 개 이상 하는 걸 목표로 했습니다.

사진이나 그림, 글로 정리해두면 1년 동안의 식물 생활이 차곡차곡 쌓일 것입니다. 아이와 함께 산책로를 걷고, 재래시장에서 제철 재료로 장을 보고, 꽃 시장을 누비며 책에 붙이다 보면 '식물'이라는 망원

경으로 세상을 바라본 스크랩이 한 권 완성될 거예요. 구슬도 꿰어야 보배가 되듯, 기록을 주제별로 모으면 자료로서 가치가 생깁니다.

식물을 대했을 때, 그것으로 무엇인가 만들었을 때, 무언가를 해 먹었을 때 그 마음을 함께 기록해보세요. 마음을 잘 모아두면 책장을 넘길 때마다 영감을 불러일으키는 유리구슬이 될 거예요. 일정 주기별로 반복해 그 기록을 쌓으면 예술가의 아카이브가 됩니다. 아이들도 쉽게 할 수 있어요.

모두가 예술가가 되어야 하는 시대라고 합니다. 일상생활에서 예술을 기대할 만큼 완성도가 높아진 섬세한 사회가 되었습니다. 다행히 자연 속에서는 누구나 예술가가 됩니다. 눈으로 보고, 손으로 만지고, 입으로 먹어보고, 피부로 느끼고, 소리를 듣는 감각, 그걸 섬세하게 느끼고 기록해보면 좋겠습니다. 마음을 담아 스스로 보고 듣고 느낀 것을 자기 언어로 표현하는 것이 곧 예술이라 믿습니다.

식물에 관한 기록만큼은 손을 더 많이 사용하면 좋겠다는 바람을 담았습니다. 손을 사용하지 않고서는 풀뿌리 하나 뽑지 못합니다. 버튼 하나로, 스마트폰으로 다 될 것 같은 세상이라도 몸을 이용해야만 할 수 있는 일들이 있습니다. 식물에게 물을 주고, 잎을 따고, 피부에 닿는 식물을 느끼며 마음으로 교감하는 것, 원두를 손으로 갈 때 솔솔 풍기는 향을 더해 커피를 내리는 것. 손으로 하는 일은 고요하고 진합니다.

실재하는 '몸'이 하는 일들, 기계가 대체할 수 없는 일들은 점점 소중해질 거예요. 마음을 담아 예술처럼 할 수 있다면 점점 더 귀해질 것입니다.

식물에 관한 탐구는 영감을 깨우는 활동입니다. 겨울의 기운이 채 가시기 전, 초록 잎보다 먼저 꽃을 피우는 목련, 벚꽃, 꽃잎이 바람을 타고 날며 만드는 꽃비, 들판을 가득 채우는 샛노란 금계국, 새로 솟는 연두 잎이 보여주는 초여름 생명의 에너지, 옹기종기 모여 싹을 틔운 잡초들이 뜨거운 태양을 먹고 마시며 사람 키보다 높이 자라 만드는 호랑이 같은 수풀, 숨이 막히게 빨간 단풍과 노란 은행잎. 결국 식물은 잎을 다 떨궈 마음을 아프게 하지만, 앙상한 마른 가지는 꽃봉오리를 품고 있어요. 씩씩하게 추위를 견디며 또 희망을 말합니다.

생명을 지닌 개체는 어떻게든 열심히 살아간다는 걸 깨닫습니다. 저절로 허리를 굽혀 잎 하나를 주워 오게 되고, 책장 사이에 끼워 넣게 됩니다. 주워 올 때의 마음, 끼워 넣은 나뭇잎을 볼 때의 느낌에 집중하면 하루를 살아갈 충분한 에너지가 될 거예요.

식물과 함께하는 생활, 초록생활을 쉽게 할 수 있도록 돕는 게 제 소명이라고 느낍니다. 이 책이 세상에서 제일 쉬운 식물 책으로 오래오래 곁에 머물기를 바라며 이 책을 마칩니다.

2022년 2월

식물 보충 수업

° 알아두면 좋은 식물 정보 사이트

농촌진흥청이 운영하는 농사 전문 정보
농사로

농촌진흥청이 발간한 전문 자료들
농서남북

국립원예특작과학원

우리나라 농약 정보가 다 모여 있는 곳
한국작물보호협회

우리나라 해충 정보가 다 모여 있는 곳

텃밭 정보가 충실한 곳

식물 이름이궁금할 때 사용하기 좋은 앱
모야모

° 식물과 친해지는 영화들

이웃집 토토로My Neighbor Totoro, 1988
마녀 배달부 키키Kiki's Delivery Service, 1989
리틀 포레스트: 여름과 가을 Little Forest: summer&autumn, 2014
리틀 포레스트: 사계절 Little Forest: Four Seasons, 2017
마담 프루스트의 비밀정원 Attila Marcel, 2013
타샤 튜더 Tasha Tudor: A Still Water Story, 2017
다섯 계절: 피트 아우돌프의 정원 Five Seasons: The Gardens, 2017

° 참고 도서

정원 이야기

베서니 튜더, 《나의 엄마, 타샤 튜더》, 윌북, 2009
타샤 튜더, 토바 마틴, 《타샤의 정원》, 윌북, 2017
에밀리 잭 외, 《피터 래빗의 정원》, 생각정거장, 2017
거트루트 지킬, 《지킬의 정원》, 정은문고, 2019
니나 픽, 《정원을 가꾼다는 것》, 지노, 2020

박완서, 《호미》, 열림원, 2007
헤르만 헤세, 《정원 가꾸기의 즐거움》, 반니, 2019
카렐 차페크, 《정원가의 열두 달》, 펜연필독약, 2019
오경아, 《정원생활자》, 궁리, 2017
오경아, 《소박한 정원》, 궁리, 2020
오경아, 《안아주는 정원》, 샘터, 2019
조아나, 《식물 좋아하세요?》, 카멜북스, 2021
마스노 슌묘, 《공생의 디자인》, 안그라픽스, 2015
에린 벤자킨, 《플로렛 농장의 컷 플라워 가든》

미세먼지와 실내 공기 정화 식물

정재경, 《우리 집이 숲이 된다면》, RHK, 2021
도테 니센, 《쉽게 기르는 실내 식물 140》, J&P, 2007
월버튼, 《미세먼지 잡는 공기 정화 식물 55가지》, 중앙생활사, 2019
손기철, 《실내 식물 사람을 살린다》, 중앙생활사, 2019
박중환, 《식물의 인문학》, 한길사, 2014
김민식, 《나무의 시간》, 브레드, 2019

건강하고 간소한 삶

헨리 데이빗 소로, 《월든》, 은행나무, 2011
헬렌 니어링, 《소박한 밥상》, 디자인하우스, 2001
이나가키 에미코, 《먹고 산다는 것에 대하여》 , 2018
김하종, 《사랑이 밥 먹여 준다》 , 마음산책, 2021
법정, 《오두막 편지》, 이레, 2009
장명숙, 《햇빛은 찬란하고 인생은 귀하니까요》 , 김영사, 2021
법정, 《아름다운 마무리》, 문학의숲, 2008
법정, 《홀로 사는 즐거움》, 샘터, 2007
장선용, 《장선용의 평생요리책》,동아일보사, 2016
마키다 겐지, 《식사가 잘못 됐습니다》, 더난출판사, 2018
스쥔, 《식물학자의 식탁》, 현대지성, 2019
안철환, 《호미 한 자루 농법》 , 들녘, 2016
데이브 아스프리, 《슈퍼휴먼》, 베리북, 2020
정재경, 《초록이 가득한 하루를 보냅니다》, 생각정거장, 2020
콜린 엘러드, 《공간이 사람을 움직인다》, 더퀘스트, 2016
안병수, 《과자, 내 아이를 해치는 달콤한 유혹》, 국일출판사, 2009

아이와 함께 보기 좋은 책

Jan Brett, 《Gingerbread friends》,
G. P. Putnam's Sons Books for Young Readers, 2008
John Burningham, 《Avocado Baby》, Random House (UK), 2006
나가타 하루미, 《식물과 함께 놀자》, 비룡소, 2004
오쿠나리 다쓰, 《놀이도감》, 비룡소, 2010
하이케 팔러, 《100인생 그림책》 , 2019
홀링, 《네가 처음 엄마라고 부른 날》, 북극곰, 2021
정재경, 《우리 집은 식물원》, 위즈덤하우스, 2021
차민경, 《선생님도 놀란 초등화학 뒤집기 25, 식물》, 동아사이언스, 2010
한영식, 《세상에서 가장 착한 초록 반려식물》, 지학아르볼, 2019
강지혜, 《반려식물 키우기》, 상상의 집, 2018

° 식물원 정보

신구대학교 식물원

서울대공원 식물원

서울식물원

세미원

한택식물원

국립세종 수목원

거제식물원

여미지식물원

국립생태원

° 온실

창경궁 대온실, 국립세종수목원, 서울식물원,
강원도립화목원, 여미지식물원, 국립생태원 에코리움

우리 집 식물 수업

초판 1쇄 발행 2022년 3월 25일

지은이 정재경
발행인 안병현
총괄 이승은 **기획관리** 송기욱 **편집장** 박미영
기획편집 김혜영 정혜림 **디자인** 이선미 **영업·관리** 신대섭 조화연

발행처 주식회사 교보문고
등록 제406-2008-000090호(2008년 12월 5일)
주소 경기도 파주시 문발로 249
전화 대표전화 1544-1900 **주문** 02)3156-3694 **팩스** 0502)987-5725

ISBN 979-11-5909-595-5 (03520)
책값은 표지에 있습니다.